第二版

JavaScript 設計模式學習手冊

SECOND EDITION

Learning JavaScript Design Patterns

A JavaScript and React Developer's Guide

Addy Osmani 著

楊新章 譯

O'REILLY

目錄

前言

自從 10 多年前我編寫了第一版《JavaScript 設計模式學習手冊》以來，JavaScript 的世界已經取得了長足的進步。那時，我正在開發大型 web 應用程式，並發現 JavaScript 程式碼所缺乏的結構和組織，使得維護和擴展這些應用程式變得十分困難。

快轉到今天，web 開發格局發生了翻天覆地的變化。JavaScript 已成為世界上最流行的程式設計語言之一，可用來開發從簡單的腳本到複雜的 web 應用程式等所有事物上。JavaScript 語言已經發展到包含模組、promise 和 `async/await`，而這顯著影響我們建構應用程式的方式。開發人員編寫元件的方式，例如使用 React，也顯著影響他們對可維護性（maintainability）的看法，讓人不得不考慮這些新變化的現代模式問世。

隨著 React、Vue 和 Angular 等現代程式庫和框架的興起，開發人員現在正在建構比以往任何時刻都更加複雜的應用程式。我認知到必須更新《JavaScript 設計模式學習手冊》，以反映 JavaScript 和 web 應用程式開發中的變化。

在《JavaScript 設計模式學習手冊》第二版中，我旨在幫助開發人員將現代設計模式應用到他們的 JavaScript 程式碼和 React 應用程式中。本書涵蓋建構可維護和可擴展的應用程式所必備的 20 多種設計模式（design pattern）。且本書不僅涉及設計模式，還涉及渲染（rendering）和效能（performance）模式，它們對現代 web 應用程式的成功也至關重要。

本書第一版側重於經典的設計模式，例如模組（Module）模式、觀察者（Observer）模式和中介者（Mediator）模式。這些模式在今天仍然很重要也相關，但 web 開發世界在過去十年中發生重大變化，並且出現新的模式。二版涵蓋這些新模式，例如 promise、 `async/await` 和模組模式的新變化，也會介紹 MVC、MVP 和 MVVM 等架構模式，並討論現代框架在哪些方面適合這些架構模式。

現今的開發人員接觸到許多特定於程式庫或特定於框架的設計模式。React 成熟的生態系統以及利用較新的 JS 原語（primitive），對於在框架或程式庫的上下文中討論最佳實務和模式是不錯的開始。除了經典的設計模式外，本書還涵蓋現代 React 模式，例如 Hook、Higher-Order Component 和 Render Prop，這些模式都是 React 特有的，對於使用這個流行框架來建構現代 web 應用程式至關重要。

這本書不只是關於模式的；它還與最佳實務有關。我們涵蓋了程式碼組織、效能和渲染等主題，這些主題對於建構高品質的 web 應用程式也一樣重要。您將瞭解動態匯入（dynamic import）、程式碼拆分（code-splitting）、伺服器端渲染（server-side rendering）、水合（hydration）和 Islands 架構，所有這些對於建構快速且響應性的 web 應用程式都是必不可少的。

到本書結束時，您將深入瞭解設計模式，以及如何將它們應用到您的 JavaScript 程式碼和 React 應用程式中；您還將知道哪些模式會和現代網路相關，哪些又不相關。本書不只是模式的參考，它還是建構高品質 web 應用程式的指南。您將學習如何建構具有最大可維護性和可擴展性的程式碼，以及如何優化程式碼以提高效能。

本書架構

本書分為 15 章，目標是結合已更新的語言特性和特定於 React 的模式，從現代角度帶您瞭解 JavaScript 設計模式；每一章都建立在前一章的基礎上，讓您能夠逐步增長知識，並有效地應用：

- 第 1 章，〈設計模式簡介〉：瞭解設計模式的歷史，以及它們在程式設計世界中的意義。
- 第 2 章，〈「模式」性測試、原型模式和三法則〉：瞭解評估和改進設計模式的過程。
- 第 3 章，〈建構和編寫模式〉：學習對編寫良好模式的剖析，以及建立模式的方法。
- 第 4 章，〈反模式〉：瞭解何謂反模式？以及如何在您的程式碼中避免它們。
- 第 5 章，〈現代 JavaScript 語法和特性〉：探索最新的 JavaScript 語言特性，及其對設計模式的影響。

- 第 6 章，〈設計模式的分類〉：深入研究設計模式的不同類別：建立型、結構型和行為型。
- 第 7 章，〈JavaScript 設計模式〉：研究 JavaScript 的 20 多種經典設計模式，及其現代的改編版本。
- 第 8 章，〈JavaScript MV* 模式〉：瞭解 MVC、MVP 和 MVVM 等架構模式，及其在現代 web 開發中的重要性。
- 第 9 章，〈非同步程式設計模式〉：瞭解 JavaScript 中非同步程式設計的強大功能，以及處理非同步程式設計的各種模式。
- 第 10 章，〈模組式 JavaScript 設計模式〉：發現組織和模組化您的 JavaScript 程式碼的模式。
- 第 11 章，〈命名空間化模式〉：學習各種命名空間化您的 JavaScript 程式碼，以避免全域名稱空間污染的技術。
- 第 12 章，〈React.js 設計模式〉：探索特定於 React 的模式，包括 Higher-Order Component、Render Prop 和 Hook。
- 第 13 章，〈渲染模式〉：瞭解不同的渲染技術，例如客戶端渲染、伺服器端渲染、漸進式水合和 Islands 架構。
- 第 14 章，〈React.js 的應用程式結構〉：瞭解如何建構 React 應用程式，以實現更好的組織、可維護性和可擴展性。
- 第 15 章，〈結論〉：總結本書的要點和最終想法。

這整本書都提供實際範例來說明所討論的模式和概念。在旅程結束時，您將對 JavaScript 設計模式有深入的瞭解，並有能力編寫優雅、可維護和可擴展的程式碼。

無論您是經驗豐富還是剛剛起步的 web 開發人員，本書都將為您提供建構現代、可維護和可擴展的 web 應用程式所需的知識和工具。我希望這本書會成為您繼續發展技能，和建構令人驚嘆的 web 應用程式的寶貴資源。

本書中使用的慣例

本書使用以下排版慣例：

斜體字（*Italic*）

　表示新的術語、URL、電子郵件地址、檔名和延伸檔名。中文使用楷體字。

定寬字（`Constant width`）

　用於程式列表，以及在段落中參照的程式元素，例如變數或函數名稱、資料庫、資料型別、環境變數、敘述和關鍵字。

定寬斜體字（*`Constant width italic`*）

　顯示應該由使用者提供的值，或根據上下文（context）決定的值所取代的文字。

代表提示或建議。

代表一般性注意事項。

使用程式碼範例

補充材料（程式碼範例、練習等）可從 *https://github.com/addyosmani/learning-jsdp* 下載。

如果您在使用程式碼範例時遇到技術上的疑問或問題時，請發送電子郵件至 *bookquestions@oreilly.com*。

本書是用來幫您完成工作的。一般而言，您可以在程式及說明文件中使用本書所提供的程式碼；除非重製大部分的程式碼，否則均可自由取用。例如說，在您的程式中使用書中的數段程式碼並不需要獲得我們的許可，但是販售或散布 O'Reilly 的範例光碟則必須獲得授權。引用本書或書中範例來回答問題不需要獲得許可，但在您的產品文件中使用大量的本書範例則應獲得許可。

雖然不需要，但如果您註明出處我們會很感謝。一般出處說明包含了書名、作者、出版商、與 ISBN。例如：「*Learning JavaScript Design Patterns*, 2nd ed., by Addy Osmani (O'Reilly). Copyright 2023 Adnan Osmani, 978-1-098-13987-2.」

若您覺得對範例程式碼的使用已超過合理使用或上述許可範圍，請透過 *permissions@oreilly.com* 與我們聯繫。

致謝

我要感謝第二版的出色審稿人，包括 Stoyan Stefanov、Julian Setiawan、Viswesh Ravi Shrimali、Adam Scott 和 Lydia Hallie。

第一版充滿熱情、才華洋溢的技術審閱，包括 Nicholas Zakas、Andrée Hansson、Luke Smith、Eric Ferraiuolo、Peter Michaux 和 Alex Sexton。他們以及整個社群的成員皆幫忙審查和改進這本書；此外，他們為此專案帶來的知識和熱情，著實令人驚嘆。

特別感謝 Leena Sohoni-Kasture 對第二版編輯所做的貢獻和回饋。

最後，我要感謝我出色的妻子 Elle，感謝她在我編寫本書時給予的所有支持。

第 1 章

設計模式簡介

好的程式碼就像寫給下一個維護它的開發人員的情書！

設計模式為結構程式碼提供了一個通用字彙集，讓它更容易被理解。它們有助於提高與其他開發人員的聯繫品質。設計模式的知識有助於我們識別出在需求中反覆出現的主題並把它們對映到最終的解決方案。我們可以依靠曾經遇到類似問題的其他人的經驗，並設計出一種優化的方法來解決它。這些知識非常寶貴，因為它鋪了一條路讓我們能夠編寫或重構可維護的程式碼。

無論是在伺服器端還是在客戶端，JavaScript 都是現代 web 應用程式開發的基石。本書的前一版重點介紹了 JavaScript 上下文中的幾種流行的設計模式。多年來，JavaScript 作為一種語言在功能和語法方面已經發生了重大變化。它現在支援以前不支援的模組、類別、箭頭函數和模版文字（template literal）。我們還擁有進階的 JavaScript 程式庫和框架，讓許多網路開發人員的生活變得更輕鬆。那麼，現代 JavaScript 上下文中的設計模式有多重要？

重要的是要注意在傳統上，設計模式既不是規定性的也不是特定於語言的。您可以在認為合適時應用它們，但不是必須的。與資料結構或演算法一樣，您仍然可以使用現代程式設計語言（包括 JavaScript）來應用經典設計模式。在現代框架或程式庫中，您可能不需要其中一些設計模式，因為它們已經被抽象化了。相反的，某些框架可能還會鼓勵使用特定模式。

這一版會對模式採取務實的方法，將探討為什麼特定模式可能適合實作某些功能，以及在現代 JavaScript 上下文中是否仍然推薦使用某種模式。

隨著應用程式的互動性越來越強而需要大量的 JavaScript，而此語言卻因其對效能的負面影響而不斷受到批評。開發人員一直在尋找可以優化 JavaScript 效能的新模式。本版在相關的地方重點介紹了此類的改進。我們還將討論特定於框架的模式，例如在 React.js 時代變得越來越流行的 React Hook 和 Higher-Order Component。

往後退一步，讓我們從設計模式的歷史和重要性的探索開始。如果您已經熟悉這段歷史，請隨時跳到在第 3 頁「什麼是模式？」繼續閱讀。

設計模式的歷史

設計模式可以追溯到一位名叫 Christopher Alexander[1] 的建築師的早期工作。他經常寫下自己解決設計問題的經驗，以及這些問題與建築和城鎮的關係。有一天，Alexander 突然想到，某些設計結構在重覆使用時會產生理想的最佳效果。

Alexander 與另外兩位建築師 Sara Ishikawa 和 Murray Silverstein 合作開發了一種模式語言。這種語言將有助於任何希望設計和建構任何規模的建築的人。他們於 1977 年在一篇題為〈A Pattern Language〉的論文中發表了它，後來以完整精裝書型式發行[2]。

1990 年左右，軟體工程師開始將 Alexander 所寫的原則納入第一份關於設計模式的說明文件，以指導新手開發人員提高他們的程式設計技能。值得注意的是，在設計模式背後的概念其實從一開始就在程式設計行業中存在，儘管形式上還不太正式。

1995 年出版的關於軟體工程設計模式的第一本，也是最具標誌性的正式著作之一是《*Design Patterns: Elements of Reusable Object-Oriented Software*》，作者是 Erich Gamma、Richard Helm、Ralph Johnson 和 John Vlisides，今天大多數工程師都把這個群組稱為四人幫（Gang of Four, GoF）。

1 *https://oreil.ly/LxYgk*

2 *https://oreil.ly/Cy0DR*

GoF 的作品[3] 在進一步推動這個領域的設計模式概念方面發揮極為重要的作用。它描寫幾種開發技術和陷阱，並提供當今全球廣泛使用的 23 種核心物件導向設計模式。第 6 章會更詳細地介紹這些模式，它們也構成第 7 章討論的基礎。

什麼是模式？

模式是一種可重複使用的解決方案模版，您可以把它應用於軟體設計中反覆出現的問題和主題。和其他程式設計語言類似，在建構 JavaScript web 應用程式時，您可以使用模版來在您認為有幫助的各種狀況下建構 JavaScript 程式碼。

學習和使用設計模式對開發人員來說主要有以下優勢：

模式是行之有效的解決方案
: 它們是綜合了來自那些幫忙定義它們的開發人員的經驗和見解的結果。它們是經過時間考驗的方法，在解決軟體開發中的特定問題時非常有效。

模式可以很容易地重用
: 模式通常提供開箱即用的解決方案，您可以依據您的需求來採用和調整。此特性讓它們非常強固。

模式可以富有表現力
: 模式可以使用集合結構和共享字彙集（*vocabulary*），有助於表達對廣泛問題的優雅解決方案。

模式提供的其他優點包括：

模式有助於防止在應用程式開發過程中可能導致重大問題的小問題
: 當您使用已建立的模式來建構程式碼時，您可以放鬆對結構錯誤的關注，並專注於整體解決方案的品質。模式鼓勵您自然地編寫更加結構化和有條理的程式碼，避免為了整潔而必須重構它的這種需求。

3 *https://oreil.ly/xj66Y*

模式提供了通用的解決方案，記錄時不需要把它們與特定問題聯繫起來

這種通用方法意味著您可以應用設計模式來改進程式碼結構，而不管應用程式，以及許多案例中的程式設計語言為何。

一些模式可以透過避免重複來減少整體程式碼檔案大小的占用空間

設計模式鼓勵開發人員更仔細地研究那些他們可以立即減少重複性的領域的解決方案。例如，您可以使用單一通用函數來減少執行過程極為類似的函數數量，從而減小程式碼庫的大小。這也稱為使程式碼更乾（*dry*）。

模式增加了開發人員的詞彙量，從而加快了溝通速度

開發人員與他們的團隊溝通、在設計模式社群中討論它時，可以引用該模式，或在其他開發人員之後維護程式碼時間接地引用。

透過開發人員使用這些模式的集體經驗並回饋社群，可以進一步改善流行的設計模式

在某些案例中，這樣會建立全新的設計模式；而在其他案例中，它會成為改進特定模式用法的指南。這可以確保基於模式的解決方案一直以來都比臨時解決方案更為強固。

模式不是精確的解決方案。模式的作用僅僅是為我們提供解決方案的綱要。模式無法解決所有設計問題，也不能取代優秀的軟體設計師，您仍然需要優秀的設計師來選擇可以增強整體設計的正確模式。

設計模式的日常使用案例

如果您用過 React.js，可能遇過 Provider 模式；如果沒有，可能遇過以下情況。

web 應用程式中的元件樹（component tree）通常需要存取共享資料，例如使用者資訊或使用者存取權限。在 JavaScript 中，執行此操作的傳統方法是為根級（root）元件設定這些屬性，然後把它們從父元件傳遞給子元件。隨著元件階層加深並變得更加巢套（nested），您可以使用資料深度探討（drill down），從而產生屬性下鑽（prop drilling）的這種實務。這會導致無法維護的程式碼，在其中的屬性設定和傳遞會在依賴於該資料的每個子元件中重複。

React 和其他一些框架使用 Provider 模式來解決這個問題。使用 Provider 模式，React Context API 可以透過上下文提供者，把狀態／資料廣播到多個元件。需要共享資料的子元件可以作為上下文消費者來使用此提供者或使用 `useContext` Hook。

這是用於優化常見問題解決方案的設計模式一個絕佳例子，本書將詳細介紹這種模式和許多此類模式。

總結

透過介紹設計模式的重要性及其與現代 JavaScript 的相關性，我們現在可以深入學習 JavaScript 設計模式；而在深入 JavaScript 設計模式的細節之前，本書會在前面幾章介紹模式的結構化和分類以及反模式的識別。但首先，先來看看下一章如何將提議的「原型模式」識別為模式。

第 2 章

「模式」性測試、原型模式和三法則

從一個新模式提出到可能廣泛採用的過程中，它也許必須經過設計社群和軟體開發人員的多輪深入檢查。本章討論了透過「模式」性（pattern-ity）測試，進行新引入「原型模式」（proto-pattern）的過程，直到它滿足*三法則*（*rule of three*）而最終識別為模式為止。

本章和下一章探討了建構、編寫、呈現和審查新生設計模式的方法。如果您的目的是學習已建立的設計模式，可以暫時跳過這兩章。

什麼是原型模式？

請記住，並非每個演算法、最佳實務或解決方案都代表了可以視為完整模式。它們可能缺少一些關鍵成分，並且模式社群通常會對僅聲稱，卻未經廣泛和批判性評估的事物持謹慎態度。即使呈現出來的似乎符合模式標準，但在沒有經過適當審查和其他人的測試之前，也不應該將之視為一個模式。

再次回顧 Alexander 的工作，他聲稱模式應該既是過程又是「東西」，這個定義很晦澀，因為他接著又說創造那「東西」的正是過程。這就是為什麼模式通常專注於解決視覺上可識別的結構；我們應該能夠直觀地描繪（或繪製）一幅圖畫，表示模式付諸實踐所產生的結構。

「模式」測試

在研究設計模式時，您可能會經常遇到「原型模式」（proto-pattern）一詞，那是什麼呢？這樣說吧，最後沒有通過「模式」性測試的模式，通常稱為原型模式。原型模式可能來自某個人的功勞，他建立了一個值得與社群共享的特定解決方案；然而，由於它相對年輕，社群還沒有機會適當地審查所提議的解決方案。

或者，共享模式的個人可能沒有時間或興趣去經歷「模式」性過程，而是可能只會發布對他們原型模式的簡短描述，這種簡短描述或片段稱為 *patlet*。

要全面記錄合格模式所涉及的工作可能非常艱鉅。回顧設計模式領域的早期歷程，如果一個模式做到以下幾點，就可以說它是「好」的模式：

解決特定問題

模式不應該只是捕獲原則或策略，更需要捕獲解決方案。這是一個好模式最重要的組成部分之一。

沒有明顯的解決方案

看得出來，解決問題的技術往往試圖從眾所周知的第一原則中推導出來。最好的設計模式通常會間接地提供問題的解決方案，這可說是解決那些和設計相關的最具挑戰性問題的必要方法。

描述一個經過驗證的概念

設計模式需要證明它們的功能正如所描述的那樣，沒有經過證明，就不能認真地考慮這種設計。如果一種模式本質上充滿高度推測性，那只有勇者，才會嘗試使用。

描述關係

在某些情況下，模式似乎描述了一種類型的模組。不管實作看起來如何，模式的官方敘述必須描述更深層的系統結構和機制，以解釋它和程式碼之間的關係。

一般認為不符合準則的原型模式不值得學習，這可以理解；然而，事實遠非如此，許多原型模式實際上也非常好。我並不是說所有原型模式都值得一看，但有很多有用的原型模式可以在未來的專案派上用場。牢記以上清單，做出最佳判斷，您的選擇過程就會很順利。

三法則

模式要有效的附加條件之一是，它會呈現一些重複出現的現象。您通常可以在至少三個關鍵領域發現此狀況，此即三法則（rule of three），要使用此規則來展示重複，必須證明以下內容：

目的適合性（*fitness of purpose*）

如何認為該模式是成功的？

有用性（*usefulness*）

為什麼該模式是成功的？

適用性（*applicability*）

設計是否因為具有更廣泛的適用性而值得成為一種模式？如果是的話，則需要針對此解釋。在審查或定義模式時，牢記這些方面至關重要。

總結

本章說明每個提議的原型模式，並不一定都能接受成為模式。下一章將分享建構和記錄模式的基本要素與最佳實務，以便社群可以輕鬆理解和使用它們。

第 3 章

建構和編寫模式

新想法是否成功取決於它的效用，也取決於您如何將它呈現需要它幫忙的人。為了讓開發人員理解和採用設計模式，應該提供有關上下文、環境、先決條件和重要範例的相關資訊。本章適用於那些試圖理解特定模式的人，以及那些試圖介紹新模式的人，因為它提供了相關模式如何進行結構和編寫的基本資訊。

設計模式的結構

如果模式作者無法定義其目的，也就將無法成功建立和發布模式。同樣的，如果開發人員沒有背景或上下文，他們會發現要理解或實作模式將非常具有挑戰性。

模式作者必須概述新模式的設計、實作和目的。作者最初以**規則**（*rule*）的形式提出一種新模式，該模式建立以下事物間的關係：

- 上下文
- 在該背景下出現的力量系統
- 允許這些力量在上下文中自行解決的配置

考慮到這一點，可以總結一下設計模式的元件元素。設計模式應具有以下內容，其中前五個元素最重要：

模式名稱

代表模式用途的唯一名稱。

描述

關於模式目的的簡要描述。

上下文大綱

模式能有效回應其使用者需求的上下文。

問題陳述

對所解決問題的陳述，以便讓人理解模式意圖。

解決方案

以易於理解的步驟和看法清單，來說明如何解決使用者的問題。

設計

對模式設計的描述，特別是使用者在和它互動時的行為。

實作

開發人員實作該模式的指南。

插圖

模式中類別的視覺表達法，例如圖表。

範例

以最小形式來實作模式。

並存條件

可能需要哪些其他模式來支援所描述模式的使用？

關係

這個模式類似於什麼模式？它是否深度模仿其他任何東西？

已知用法

該模式是否已在真實世界使用？如果有的話，是在哪裡以及如何使用？

討論

團隊或作者對該模式之令人振奮優勢的想法。

編寫良好的模式

理解設計模式的結構和目的可以幫助我們更深入地理解為什麼需要模式背後的原因。它還可以幫助我們根據自己的需要來評估模式。

理想情況下，一個好的模式應該為最終使用者提供大量的參考資料，並且應該提供證據，以證明它們的必要性。

僅對模式有一個概述，不足以讓人在平常可能遇到的程式碼中識別它們，因為我們並不總是清楚正在查看的一段程式碼是遵循一種設定好的模式，或只是意外地類似於某一種模式。

如果您懷疑您看到的程式碼使用了某種模式，請考慮寫下屬於特定現有模式或模式集的程式碼某些面向。程式碼可能遵循了和特定模式規則恰好重疊的合理原則與設計實務。

既沒有出現互動也沒有出現已定義規則的解決方案，並不是模式。

儘管模式在規劃和編寫階段的初始成本可能很高，但從該投資中獲得的回報是值得的。模式極富價值，因為它們有助於在建立或維護解決方案時，讓組織或團隊中的所有開發人員都處在同樣的思考層面上。如果您正在考慮使用自己的模式，請事先研究，因為您可能會發現，使用或擴展現有的、經過驗證的模式，比從頭開始的好處更多。

編寫模式

如果您正在嘗試自己開發一種設計模式，我建議您向已經走完整個過程，並表現優秀的其他人學習。花時間從幾種不同的設計模式描述中吸收資訊，尤其是哪些對您來說有意義的資訊；深入研究結構和語意，您可以透過檢視感興趣模式的互動和上下文，找出有助於將這些模式以有價值方式組織在一起的原則。

您可以利用**既有**格式來編寫您自己的模式，或者看看是否有辦法整合自己的想法以改進。Christian Heilmann 就是近年來選擇這樣做的開發人員，他採用現有的**模組**（*Module*）模式（參見圖 7-2），並讓它進行一些根本上有價值的修正，以建立**闡明模組**（*Revealing Module*）模式（參見第 53 頁「Revealing Module 模式」）。

如果您有興趣建立新的設計模式或改編現有設計模式，照著以下檢核清單會很有幫助：

該模式的實用性如何？

確保該模式能針對反覆出現的問題提出行之有效的解決方案，而不僅僅是不合格的推測性解決方案。

牢記最佳實務

設計決策應該基於從理解最佳實務中所得出的原則。

設計模式應該對使用者透明

設計模式應該對最終使用者體驗完全透明，它們要為使用它們的開發人員服務，而不應強行改變所預期的使用者體驗。

請記住，原創性不是模式設計的關鍵

編寫模式時，您不必是已記錄解決方案的最初發現者，也不必擔心您的設計會和其他模式的小片段重疊。如果該方法足夠強大到可以廣泛應用，它就有可能會公認為一種有效模式。

模式需要一組強有力的範例

一個好的模式描述之後，需要有一組同樣有效的範例，以證明它的成功應用。為了表示廣泛用途，展示重要設計原則的範例是比較理想的方式。

模式編寫是在建立通用設計、特定設計，以及最重要的有用處設計之間的審慎平衡，盡量確保在編寫模式時全面涵蓋所有可能的應用領域。

無論您是否編寫模式，我都希望這篇關於編寫模式的簡短介紹能為您提供一些見解，這將有助於您的學習過程，並幫助您合理化本書以下部分中涵蓋的模式。

總結

本章描繪了一幅理想的「好」模式圖，但同樣重要的是，也要瞭解有「壞」模式的存在，這樣才能識別並避免它們，這就是要在下一章提到「反模式」的原因。

第 4 章

反模式

工程師都可能遇到這樣的情況：在截止日期前交付解決方案，或者程式碼在沒有程式碼審查的情況下被包含在一系列補丁內。這種情況下的程式碼可能並不總是經過深思熟慮的，並且可能會傳播所謂的反模式（*anti-pattern*）。本章將介紹反模式，以及必須理解和識別它們的原因，並且將研究 JavaScript 中的一些典型反模式。

什麼是反模式？

如果模式代表最佳實務，反模式就代表提出的模式出錯時所吸取的教訓。受到 GoF 著作《*Design Patterns*》的啟發，Andrew Koenig 在 1995 年發表於 *Journal of Object-Oriented Programming* 第 8 卷的文章[1]中，首次創造出反模式一詞。他將反模式描述為：

> 反模式就像模式一樣，但它不是解決方案，它呈現的是表面上看起來像解決方案，但實際上不是解決方案的東西。

他提出反模式的兩個概念：

- 描述某個會導致不利情況發生的特定問題劣質解決方案
- 描述擺脫上述情況並尋求良好解決方案的方式

1 *https:// oreil.ly/Megyr*

說到此，Alexander 也提到在良好設計結構和良好上下文之間，取得良好平衡的困難：

> 這些筆記是關於設計過程的；發明實體事物的過程，這些事物顯示出新的實體秩序、組織、形式，來回應功能。……每個設計問題都始於努力達成兩個實體之間的適合性：所討論的形式及其上下文。形式是解決問題的辦法，上下文則定義了問題。

瞭解反模式與瞭解設計模式一樣重要，分析背後的原因可知，建立應用程式時，專案的生命週期就從建構開始。在這個階段，您可能會從可用的**良好**設計模式中選擇您認為合適的；但是在初始發布之後，還需要維護它。

維護已投入生產的應用程式可能特別具有挑戰性。以前沒有開發過該應用程式的開發人員可能會不小心將**糟糕**的設計引入專案中，如果這些**不良**實務已經識別為反模式，開發人員就能夠提前認出它們，並避免已知的常見錯誤。這類似於應用設計模式知識，來識別出那些可以應用**已知**且**有用**標準技術的領域。

隨著解決方案的發展，其品質可能是**好**是**壞**，這取決於團隊在其中投入的技能水準和時間。這裡的**好壞**以上下文而定，如果應用在錯誤的上下文時，再怎麼「完美」的設計，也可能認定為反模式。

總而言之，反模式是一種應該要記錄下來的糟糕設計。

JavaScript 中的反模式

開發人員有時會故意選擇捷徑和臨時解決方案，以加快程式碼交付腳步，這些東西往往會成為永久性，且基本上是由反模式組成的技術債務而累積起來。JavaScript 是一種弱型別或無型別語言，因此可以更輕鬆地採用某些捷徑，以下是您可能在 JavaScript 中遇到的一些反模式範例：

- 透過在全域上下文中定義大量變數，來污染全域命名空間。
- 將字串而不是函數傳遞給 `setTimeout` 或 `setInterval`，因為這會在內部觸發 `eval()` 的使用。
- 修改 `Object` 類別原型（這是一個極為糟糕的反模式）。
- 以內聯（inline）形式使用 JavaScript，因為這是沒有彈性的。

- 在使用原生文件物件模型（Document Object Model, DOM）替代方案，如 `document.createElement` 更合適的地方，使用 `document.write`。`document.write` 多年來一直遭到嚴重濫用，並且有很多缺點。如果它在頁面載入後執行，會覆寫所在的頁面，這讓 `document.createElement` 成為比較好的選擇，可存取以下連結來獲得實際操作範例[2]。它也不適用於 XHTML，這是選擇對 DOM 更友善方法，例如 `document.createElement` 的另一個原因。

瞭解反模式是成功的關鍵。一旦學會識別這種反模式，就可以重構程式碼來否定它們，這樣能立即提高解決方案的整體品質。

總結

本章介紹了可能衍生出的反模式問題模式和 JavaScript 反模式範例。在詳細介紹 JavaScript 設計模式之前，必須觸及一些關鍵的現代 JavaScript 概念，因為這些概念與對模式的討論息息相關。這就是下一章的主題，介紹現代 JavaScript 的特性和語法。

2 *https://oreil.ly/kc1c0*

第 5 章

現代 JavaScript 語法和特性

JavaScript 已經存在了幾十年，並且經歷多次修訂。本書探索現代 JavaScript 上下文中的設計模式，並在所有討論的範例中使用現代 ES2015+ 語法；之所以在本章討論 ES2015+ JavaScript 特性和語法，是因為這對進一步討論當前 JavaScript 上下文中的設計模式來說至關重要。

ES2015 對 JavaScript 語法引入一些根本性的變化，與關於模式的討論密切相關。BabelJS ES2015 指南[1]詳細介紹了這些內容。

本書依賴現代 JavaScript 語法。TypeScript 可能讓您好奇不已，它是 JavaScript 的靜態型別超集合，提供 JavaScript 所沒有的多種語言特性，包括強型別、介面、列舉（enum）和進階型別推理（type inference），而且也會影響設計模式。要瞭解更多 TypeScript 及其優勢的資訊，可以查看 O'Reilly 書籍，例如 Boris Cherny 所撰寫的《*TypeScript* 程式設計》（*Programming TypeScript*）。

解耦應用程式的重要性

模組化 JavaScript 允許您在邏輯上把應用程式分成更小的部分，稱為模組。一個模組可以被其他模組匯入，而這些模組反過來可以被更多的模組匯入。因此，應用程式可以由許多巢套模組所組成。

1 *https://oreil.ly/V09r_*

在可擴展的 JavaScript 世界中，若說一個應用程式是**模組化**（*modular*），通常指它是由一組高度解耦、不同的功能模組組成。鬆散耦合（loose coupling）有助於透過在可能的情況下消除依賴關係，從而更輕鬆地維護應用程式。如果有效地實作，可以看出它對系統這個部分的更改，會如何影響另一個部分。

和一些更為傳統的程式設計語言不同，在 ES5（標準 ECMA-262 5.1 版[2]）之前，JavaScript 的舊版本並未為開發人員提供乾淨地組織和匯入程式碼模組的方法。直到最近幾年，隨著對更有組織的 JavaScript 應用程式需求日益明顯，它才成為規範的關注點之一。非同步模組定義（Asynchronous Module Definition, AMD）[3] 和 CommonJS[4] 模組是 JavaScript 初始版本中，最流行的解耦應用程式模式。

這些問題的原生解決方案隨著 ES6 或 ES2015[5] 一起出現。負責定義 ECMAScript 及其未來版本語法語意演變的標準機構 TC39[6]，一直在密切關注 JavaScript 在大規模開發中的使用狀況演變，並敏銳地意識到，需要用更好的語言特性，才能編寫更模組化的 JS。

隨著 ES2015 中 ECMAScript 模組的發布，在 JavaScript 建立模組的語法也已開發並標準化。今天，所有主流瀏覽器都支援 JavaScript 模組。它們已經成為在 JavaScript 中實作現代模組化程式設計的實際方法。本節也將使用 ES2015+ 中的模組語法，來探索程式碼範例。

具有匯入和匯出功能的模組

模組可以讓應用程式的程式碼分成獨立單元，每個單元包含功能的一個層面的程式碼。模組也鼓勵程式碼的可重用性，並揭露可以整合到不同應用程式中的功能。

一種語言應該具有這項功能：允許您 `import` 模組依賴項並 `export` 模組介面（允許其他模組使用的公共 API ／變數），以支援模組化程式設計。ES2015 將 JavaScript 模組（即

2 *https://oreil.ly/w2WxN*

3 *https://oreil.ly/W5XPd*

4 *https://oreil.ly/lgw0w*

5 *https://oreil.ly/rPxFL*

6 *https://oreil.ly/GJduA*

ES 模組）[7] 的支援導入至 JavaScript 中，允許您使用 `import` 關鍵字來指明模組依賴項。同樣的，您也可以使用 `export` 關鍵字，從模組中匯出任何內容：

- `import` 宣告將模組的匯出綁定為區域變數，並且可以重新命名以避免名稱重複／衝突。
- `export` 宣告會宣告模組的區域綁定是外部可見的，這樣其他模組可以讀取匯出但不能修改它們。有趣的是，模組可以匯出子模組，但不能匯出已在別處定義的模組；也可以重新命名匯出，好讓它們的外部名稱不同於區域名稱。

.mjs 是用於 JavaScript 模組的副檔名，可以幫助區分模組檔案和經典腳本（*.js*）。*.mjs* 副檔名確保相對應的檔案執行時期（runtime）和建構工具，例如 Node.js[8]、Babel[9] 能將其解析為模組。

以下範例顯示麵包店員工的三個模組、他們在烘焙時執行的功能、以及麵包店本身，可以看出一個模組要如何匯入和使用另一個模組匯出的功能：

```
// 檔名：staff.mjs
// =========================================
// 指明其他模組可以使用的（公開）匯出
export const baker = {
   bake(item) {
      console.log( `Woo! I just baked ${item}` );
    }
};

// 檔名：cakeFactory.mjs
// =========================================
// 指明依賴項
import baker from "/modules/staff.mjs";

export const oven = {
    makeCupcake(toppings) {
       baker.bake( "cupcake", toppings );
    },
    makeMuffin(mSize) {
        baker.bake( "muffin", size );
```

7 *https://oreil.ly/kd-pu*

8 *https://oreil.ly/E9oRS*

9 *https://oreil.ly/fkQAL*

```
    }
}

// 檔名：bakery.mjs
// =========================================
import {cakeFactory} from "/modules/cakeFactory.mjs";
cakeFactory.oven.makeCupcake( "sprinkles" );
cakeFactory.oven.makeMuffin( "large" );
```

通常，一個模組檔案會包含幾個相關的函數、常數和變數，您可以使用單一匯出敘述，在檔案末尾集中式的匯出這些內容，後面以逗號分隔要匯出的模組資源串列：

```
// 檔名：staff.mjs
// =========================================
const baker = {
  // 烘焙師函數
};
const pastryChef = {
  // 糕點師函數
};
const assistant = {
  // 助手函數
};

export { baker, pastryChef, assistant };
```

同樣的，您可以只匯入需要的函數：

```
import {baker, assistant} from "/modules/staff.mjs";
```

也可以透過指明值為 `module` 的 `type` 屬性，來要求瀏覽器接受包含 JavaScript 模組的 `<script>` 標記：

```
<script type= module src= main.mjs ></script>
<script nomodule src= fallback.js ></script>
```

`nomodule` 屬性告訴現代瀏覽器不要將經典腳本作為模組載入，這對不使用模組語法的後饋（fallback）腳本很有用。它允許您在 HTML 中使用模組語法，並讓它在不支援它的瀏覽器中工作，就很多層面例如效能來說，這都很有用。現代瀏覽器不需要 polyfilling 來實現現代功能，就能允許您單獨為舊版瀏覽器提供更大的轉譯程式碼。

模組物件

有一種更簡潔的方法可以匯入和使用模組資源，就是將模組作為物件來匯入，這會將所有的匯出內容變成該物件的成員。：

```
// 檔名：cakeFactory.mjs

import * as Staff from "/modules/staff.mjs";

export const oven = {
    makeCupcake(toppings) {
       Staff.baker.bake( "cupcake", toppings );
    },
    makePastry(mSize) {
        Staff.pastryChef.make( "pastry", type );
    }
}
```

從遠端來源載入的模組

ES2015+ 還支援遠端模組，例如第三方程式庫，這讓它要從外部位置載入模組相形之下更為簡單。下面是一個帶入之前定義的模組並使用的範例：

```
import {cakeFactory} from "https://example.com/modules/cakeFactory.mjs";
// 急切載入的靜態匯入

cakeFactory.oven.makeCupcake( "sprinkles" );
cakeFactory.oven.makeMuffin( "large" );
```

靜態匯入

剛剛討論的匯入類型稱為靜態匯入（static import）。在主要程式碼執行之前，需要使用靜態匯入以下載並執行模組圖，這有時會導致初始頁面在載入時，需要預先載入大量程式碼，而耗費不少時間，並且延遲關鍵功能的啟用時間：

```
import {cakeFactory} from "/modules/cakeFactory.mjs";
// 急切載入的靜態匯入

cakeFactory.oven.makeCupcake( "sprinkles" );
cakeFactory.oven.makeMuffin( "large" );
```

動態匯入

有時，您不想預先載入模組，而是在需要時再依需求載入。惰性載入（lazy-loading）模組允許您在需要時才載入所需的內容，例如使用者點擊連結或按鈕時，這能提高初始載入時的效能；引入動態匯入（dynamic import）[10] 則讓此事更為可行。

動態匯入引入一種全新、類似於函數的匯入形式。`import(url)` 傳回對請求模組的模組命名空間物件承諾，而該請求模組在獲取、實例化和評估所有模組依賴項以及模組本身之後創建。以下是 `cakeFactory` 模組的動態匯入範例：

```
form.addEventListener("submit", e => {
  e.preventDefault();
  import("/modules/cakeFactory.js")
    .then((module) => {
      // 用模組做些事。
      module.oven.makeCupcake("sprinkles");
      module.oven.makeMuffin("large");
    });
});
```

還可以使用 `await` 關鍵字來支援動態匯入：

```
let module = await import("/modules/cakeFactory.js");
```

透過動態匯入，只會在使用模組時才下載和評估模組圖。

流行模式，如互動匯入（Import on Interaction）和可見性匯入（Import on Visibility），可以使用動態匯入功能於普通 JavaScript 中輕鬆實作。

互動匯入

有些程式庫可能只在使用者開始與網頁上特定功能互動時才發揮作用，最典型的例子就是聊天小部件（widget）、複雜對話框或視訊嵌入。這些功能的程式庫不需要在頁面載入時匯入，但可以在使用者與它們互動時，用諸如點擊元件外觀或占位符等方式載入。這樣的操作會觸發相應程式庫的動態匯入，進而呼叫函數來啟動所需功能。

---

10 *https://oreil.ly/fqR6v*

例如，可以使用動態載入的外部 `lodash.sortby` 模組[11]，來實作螢幕排序功能：

```
const btn = document.querySelector('button');

btn.addEventListener('click', e => {
  e.preventDefault();
  import('lodash.sortby')
    .then(module => module.default)
    .then(sortInput()) // 使用匯入的依賴項
    .catch(err => { console.log(err) });
});
```

可見性匯入

許多元件在初始頁面載入時不可見，但使用者向下捲動時就能見到。由於使用者不一定會一直向下捲動，因此可以在看見這些元件所對應的模組時，再進行惰性載入。IntersectionObserver API[12] 可以偵測元件占位符的可見時機，此時動態匯入就可以載入相對應的模組。

伺服器模組

Node[13] 15.3.0 以上版本支援 JavaScript 模組，它們在沒有實驗旗標的情況下執行，並且與 npm 套件生態系統的其餘部分相容。Node[14] 把以 *.mjs* 和 *.js* 結尾且最上層型別欄位值為模組（module）的檔案，視為 JavaScript 模組：

```
{
  "name": "js-modules",
  "version": "1.0.0",
  "description": "A package using JS Modules",
  "main": "index.js",
  "type": "module",
  "author": "",
  "license": "MIT"
}
```

11 *https://oreil.ly/VUgnM*

12 *https:// oreil.ly/wXwgi*

13 *https://oreil.ly/4Bh_O*

14 *https://oreil.ly/q1Jzl*

使用模組的優勢

模組化程式設計和使用模組能提供幾個獨特優勢，例如以下：

只評估一次模組腳本

　經典腳本每次添加到 DOM 時都需要評估，但瀏覽器只會評估模組腳本一次。這意味著對於 JS 模組而言，如果有一個依賴模組的擴展階層，就會先評估依賴於最內層模組的模組，這是一件好事，因為這意味著最裡面的模組會第一個評估，並且可以存取依賴於這個模組的匯出。

模組可自動延遲

　與其他腳本檔案不同，如果您不想立即載入這些腳本，則必須包含 `defer` 屬性，但瀏覽器會自動延遲模組的載入。

模組易於維護和重用

　模組促進程式碼的解耦，這些程式碼可以獨立維護，而無需大幅度更改其他模組；而且允許您在多個不同的函數中重用相同程式碼。

模組提供命名空間

　模組為相關變數和常數建立一個私有空間，以便可以透過模組來引用它們，而不會污染全域命名空間。

模組可以消除死程式碼

　在引入模組之前，必須手動從專案中刪除未使用的程式碼檔案。透過匯入模組，webpack[15] 和 Rollup[16] 等捆包器（bundler）可以自動識別未使用的模組並刪除它，所以死程式碼在添加到捆包之前，就會遭到刪除，稱為 tree-shaking。

所有現代瀏覽器都支援模組匯入[17]和匯出[18]，您可以在沒有任何後顧的情況下使用它們。

15 *https:// oreil.ly/37e9F*

16 *https://oreil.ly/rUWiB*

17 *https://oreil.ly/IauTK*

18 *https://oreil.ly/NubAY*

具有建構子、getter 和 setter 的類別

除了模組之外，ES2015+ 還允許使用建構子（constructor）和一些隱私感來定義類別。JavaScript 類別使用 class 關鍵字定義，下面的範例定義了一個 Cake 類別，它有一個建構子和兩個 getter 和 setter：

```
class Cake{

    // 可以使用關鍵字 constructor 以及
    // 一串類別變數來定義
    // 類別建構子的本體。
    constructor( name, toppings, price, cakeSize ){
        this.name = name;
        this.cakeSize = cakeSize;
        this.toppings = toppings;
        this.price = price;
    }

    // 作為一部分 ES2015+ 對減少不必要的功能使用的努力，
    // 您會注意到它在以下情況遭到刪除。
    // 這裡一個識別符後面跟著一個參數串列和一個主體定義了一個新方法。

    addTopping( topping ){
        this.toppings.push( topping );
    }

    // 可以透過在識別符／方法名稱和大括號所包圍的主體之前宣告 get 來定義 getter。
    get allToppings(){
        return this.toppings;
    }

    get qualifiesForDiscount(){
        return this.price > 5;
    }

    // 與 getter 類似，setter 可以透過在識別符前使用 set 關鍵字來定義
    set size( size ){
        if ( size < 0){
            throw new Error( "Cake must be a valid size: " +
                            "either small, medium or large");
        }
       this.cakeSize = size;
    }
}

// 用法
let cake = new Cake( "chocolate", ["chocolate chips"], 5, "large" );
```

建立在原型之上的 JavaScript 類別，是一種特殊的 JavaScript 函數，需要先定義它們才能參照。

您還可以使用 `extends` 關鍵字，來指出一個類別是繼承自另一個類別：

```
class BirthdayCake extends Cake {
  surprise() {
    console.log(`Happy Birthday!`);
  }
}

let birthdayCake = new BirthdayCake( "chocolate", ["chocolate chips"], 5,
  "large" );
birthdayCake.surprise();
```

所有現代瀏覽器和 Node 都支援 ES2015 類別，它們還與 ES6 中導入的新型類別語法[19]相容。

JavaScript 模組和類別之間的區別在於，模組是匯入的[20]和匯出的[21]，而類別可使用 `class` 關鍵字定義。

讀過一遍之後，您可能還會注意到前面的範例缺少「function」一詞。這不是打字錯誤：TC39 已經有意識地努力減少對 `function` 這個關鍵字的濫用，希望它能協助簡化編寫程式碼的方式。

JavaScript 類別還支援 `super` 關鍵字，它允許您呼叫父類別的建構子[22]，這對實作自我繼承模式很有用。您可以使用 `super` 來呼叫超類別的方法：

```
class Cookie {
  constructor(flavor) {
    this.flavor = flavor;
  }

  showTitle() {
    console.log(`The flavor of this cookie is ${this.flavor}.`);
  }
}
```

19 *https:// oreil.ly/9c9jm*

20 *https://oreil.ly/IauTK*

21 *https://oreil.ly/NubAY*

22 *https://oreil.ly/gYvxw*

```
class FavoriteCookie extends Cookie {
  showTitle() {
    super.showTitle();
    console.log(`${this.flavor} is amazing.`);
  }
}

let myCookie = new FavoriteCookie('chocolate');
myCookie.showTitle();
// 這塊餅乾是巧克力口味的。
// 巧克力太棒了。
```

現代 JavaScript 支援公共和私有類別成員，其他類別可以存取公共類別成員，私有類別成員只能由定義它們的類別存取。預設情況下，類別欄位是公共的，私有類別欄位[23]可以使用 # 字首來建立：

```
class CookieWithPrivateField {
  #privateField;
}

class CookieWithPrivateMethod {
  #privateMethod() {
    return 'delicious cookies';
  }
}
```

JavaScript 類別使用 static 關鍵字來支援靜態方法和屬性，可以在不實例化類別的情況下參照靜態成員。您可以使用靜態方法來建立實用程序函數，並使用靜態屬性來保存配置或快取資料：

```
class Cookie {
  constructor(flavor) {
    this.flavor = flavor;
  }
  static brandName = "Best Bakes";
  static discountPercent = 5;
}
console.log(Cookie.brandName); // 輸出 = "Best Bakes"
```

23 *https:// oreil.ly/SXsES*

JavaScript 框架中的類別

在過去幾年裡，一些現代 JavaScript 程式庫和框架，尤其是 React 導入了類別的替代品，React Hook 可以在沒有 ES2015 類別元件的情況下，使用 React 狀態和生命週期方法。在 Hook 之前，React 開發人員必須將功能元件重構為類別元件，以便處理狀態和生命週期方法；這樣通常很棘手，因為需要瞭解 ES2015 類別的工作原理。React Hook 是允許您在不依賴類別的情況下，管理元件的狀態和生命週期方法的函數。

請注意，其他幾種為 web 建構的方法，例如 Web Components[24] 社群，持續使用類別作為元件開發的基礎。

總結

本章介紹模組和類別的 JavaScript 語言語法，這些特性能讓人在編寫程式碼的同時，堅持物件導向的設計和模組化程式設計原則，還能夠使用這些概念，來分類和描述不同設計模式；下一章就將討論這些不同類別的設計模式。

相關閱讀

- v8 上的 JavaScript 模組：*https://oreil.ly/IEuAq*
- MDN 上的 JavaScript 模組：*https://oreil.ly/OAL9O*

24 *https://oreil.ly/ndfeb*

第 6 章

設計模式的分類

本章記錄設計模式的三個主要類別，以及屬於它們的不同模式。雖然每個設計模式都是用來解決特定的物件導向設計問題或議題，但還是可以根據解決這些問題的方式，來比較這些方案。這構成了設計模式分類的基礎。

背景

Gamma、Helm、Johnson 和 Vlissides 在 1995 年出版的書《*Design Patterns: Elements of Reusable Object-Oriented Software*》[1] 中，將設計模式描述為：

> 設計模式會命名、抽象化和識別通用設計結構的關鍵層面，這讓它對於建立可重用的物件導向設計來說很有用。設計模式識別了參與的類別及其實例、它們的角色和協作，以及責任的分配。
>
> 每個設計模式都關注特定的物件導向設計問題或議題，描述適用時機、是否可以考慮到其他設計限制，以及使用後果和取捨。由於最終必須實作我們的設計，因此設計模式還提供範例程式碼，以說明實作方式。
>
> 儘管設計模式描述的是物件導向的設計，但它們是基於已在主流物件導向程式設計語言中實作的實際解決方案……。

1 *https://oreil.ly/viJe6*

設計模式可以根據解決的問題類型分類，主要的三個類別是：

- 建立型設計模式（creational design pattern）
- 結構型設計模式（structural design pattern）
- 行為型設計模式（behavioral design pattern）

接下來的部分就將透過屬於每個類別的模式範例，來介紹這三種模式。

建立型設計模式

建立型設計模式專注於處理物件建立機制，其中物件會以適合給定情況的方式來建立。否則，物件建立的基本方法可能會增加專案的複雜性，而這些模式旨在透過控制建立過程來解決此問題。

屬於這一類別的一些模式是 Constructor、Factory、Abstract、Prototype、Singleton 和 Builde。

結構型設計模式

結構型模式和物件的組合有關，通常需要識別要實現不同物件之間關係的簡單方法，它們有助於確保當系統的一部分發生變化時，其他整個結構並不會隨之改變，也會協助把系統中不適合特定目的的部分，改造成合適的部分。

屬於這一類別的模式包括 Decorator、Facade、Flyweight、Adapter 和 Proxy。

行為型設計模式

行為型模式專注於改進或簡化系統中不同物件之間的通訊。它們會識別物件之間的通用通訊模式，並在不同物件之間，提供分配通訊責任的解決方案，從而提高通訊的靈活性。究其本質，行為型模式會從採取行動的物件中，抽象化行動。

一些行為型模式包括 Iterator、Mediator、Observer 和 Visitor。

設計模式類別

Elyse Nielsen 在 2004 年建立一個「類別」表，來總結 23 種 GoF 設計模式。這張表對我早期學習設計模式時提供很多幫助，以下是我做的一些調整，好讓它更適合此時的設計模式討論。

我建議參考這張表，但也別忘了，本書後面還會討論其他幾種此處未提及的模式。

第 5 章曾討論 JavaScript ES2015+ 類別，若您查看下表，會發現 JavaScript 類別和物件有所關連。

現在就來查看這張表格：

建立型	基於建立物件的概念
類別	
Factory 方法	根據介面資料或事件來建立多個衍生類別的實例
物件	
Abstract Factory	在不詳細說明具體類別的情況下，建立多個類別家族的實例
Builder	將物件構造與其表達法分離；總是建立相同類型的物件
Prototype	用來複製或仿製的完全初始化實例
Singleton	只包含一個具有全域存取點的實例類別

結構型	基於物件積木的想法
類別	
Adapter	匹配不同類別的介面，這樣儘管介面不相容，類別也可以一起工作
物件	
Bridge	將物件的介面與其實作分開，以便兩者可以獨立變化
Composite	簡單和複合物件的結構，使整個物件不僅僅是其部分的總和
Decorator	動態地向物件添加替代處理
Facade	隱藏整個子系統複雜性的單一類別
Flyweight	用於有效率的共享其他地方所包含資訊的細粒度實例
Proxy	代表真實物件的占位符物件

行為型	基於物件一起合作和工作的方式
類別	
Interpreter	一種在應用程式中包含語言元素以匹配目標語言語法的方法
Template 方法	在方法中建立演算法的外殼，然後將確切的步驟延遲到子類別
物件	
責任鏈（*Chain of responsibility*）	一種在物件鏈之間傳遞請求，以找到可以處理該請求物件的方法
Command	一種將命令的執行與其呼叫者分開的方法
Iterator	在不知道集合的內部工作原理的情況下，循序存取集合的元素
Mediator	定義類別之間的簡化通訊，以防止一組類別外顯式地相互參照
Memento	捕獲物件的內部狀態以便之後能夠回復
Observer	一種通知多個類別所發生的變化，以確保類別之間一致性的方法
State	當物件的狀態改變時，改變物件的行為
Strategy	將演算法封裝在一個類別中，將選擇與實作分開
Visitor	在不更改類別的情況下，向類別添加新運算

總結

本章介紹了設計模式的類別，並解釋建立型模式、結構型模式和行為型模式之間的區別，討論這三個類別之間的差異，以及每個類別中的 GoF 模式；並審視「類別」表，此表能顯示 GoF 模式與類別以及物件概念建立關連的方法。

前幾章涵蓋設計模式的理論細節，和 JavaScript 語法的一些基礎知識；以此為背景，接下來就可以進入 JavaScript 設計模式的一些實際範例。

第 7 章

JavaScript 設計模式

前一章提供了三種不同類別的設計模式範例，其中一些設計模式與 web 開發環境極為相關或是必需的，我找出一些永恆模式，應用在 JavaScript 時會很有幫助。本章探討不同經典和現代設計模式的 JavaScript 實作，每個小節將分別針對建立型、結構型和行為型這三個類別說明：以下就從建立型模式開始。

選擇模式

開發人員都會想知道是否有一個或一組理想模式，可以在工作流中使用，這個問題沒有正確答案；我們處理的每個腳本和 web 應用程式都可能有不同的個人化需求，必須考慮模式是否可以為實作提供真正的價值。

例如，一些專案可能受益於 Observer 模式所提供的解耦優勢，它能減少應用程式各個部分相互依賴的程度；但於此同時，其他專案可能規模太小，以至於解耦不會是個問題。

也就是說，一旦牢牢掌握了設計模式和它們最適合解決的特定問題，再將此整合到應用程式的架構中，就會變得容易得多。

建立型模式

建立型模式提供了建立物件的機制，將介紹的模式如下：

- 第 36 頁「Constructor 模式」
- 第 41 頁「Module 模式」
- 第 53 頁「Revealing Module 模式」
- 第 56 頁「Singleton 模式」
- 第 61 頁「Prototype 模式」
- 第 64 頁「Factory 模式」

Constructor 模式

建構子（Constructor）是一種特殊方法，用於在為其配置記憶體後初始化新建立的物件。在 ES2015+ 中，JavaScript 導入使用建構子來建立類別的語法[1]，這允許我們使用預設建構子[2]，將物件建立為類別的實例。

在 JavaScript 中，幾乎所有事物都是物件，而類別是 JavaScript 原型式繼承方法的語法糖，最讓人感興趣的經典 JavaScript 是物件的建構子，圖 7-1 能說明這種模式。

物件的建構子用於建立特定類型的物件，它既準備物件以供使用，又會接受參數，好在首次建立物件時，設定成員屬性和方法的值。

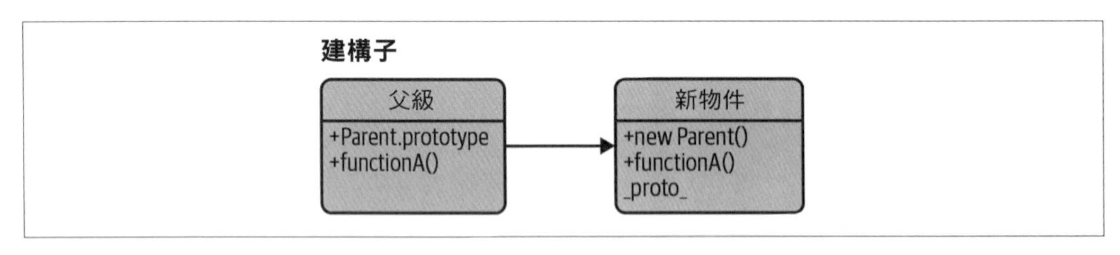

圖 7-1 Constructor 模式

1 *https://oreil.ly/TjEI1*

2 *https://oreil.ly/zNmUI*

物件建立

在 JavaScript 中建立物件的三種常用方法如下所示：

```
// 下列每個選項都會建立一個新的空物件
const newObject = {};

// 或
const newObject = Object.create(Object.prototype);

// 或
const newObject = new Object();
```

這裡將每個物件宣告為一個常數，這會建立一個唯讀的區塊範圍變數。在最後一個範例中，`Object` 建構子會為特定值建立一個物件包裝器（wrapper）；或者在沒有傳遞值的情況下，建立一個空物件並且傳回。

您現在可以透過以下方式將鍵和值指派給物件：

```
// ECMAScript 3 相容作法

// 1. 點(Dot)語法

// 設定屬性
newObject.someKey = "Hello World";

// 取得屬性
var key = newObject.someKey;



// 2. 方括號語法 Square bracket syntax

// 設定屬性
newObject["someKey"] = "Hello World";

// 取得屬性
var key = newObject["someKey"];



// 僅限 ECMAScript 5 相容作法
// 更多資訊請參見：http://kangax.github.com/es5-compat-table/

// 3. Object.defineProperty
```

```
// 設定屬性
Object.defineProperty( newObject, "someKey", {
    value: "for more control of the property's behavior",
    writable: true,
    enumerable: true,
    configurable: true
});

// 4. 如果這感覺有點難讀，可以用以下的簡寫：

var defineProp = function ( obj, key, value ){
  config.value = value;
  Object.defineProperty( obj, key, config );
};

// 要用它，我們可以隨後建立一個新的空「person」物件
var person = Object.create( null );

// 使用屬性填充物件
defineProp( person, "car",  "Delorean" );
defineProp( person, "dateOfBirth", "1981" );
defineProp( person, "hasBeard", false );


// 5. Object.defineProperties

// 設定屬性
Object.defineProperties( newObject, {

  "someKey": {
    value: "Hello World",
    writable: true
  },

  "anotherKey": {
    value: "Foo bar",
    writable: false
  }

});

// 可以使用 1. 和 2. 中的任何一個選項來取得 3. 和 4. 的屬性
```

甚至可以使用這些方法來繼承，如下所示：

```
// 用到的 ES2015+ 關鍵字／語法：const
// 用法：

// 建立一個繼承自 person 物件的賽車手
const driver = Object.create(person);

// 設定駕駛的一些屬性
defineProp(driver, 'topSpeed', '100mph');

// 取得繼承的屬性（1981）
console.log(driver.dateOfBirth);

// 取得我們設定的屬性（100mph）
console.log(driver.topSpeed);
```

基本建構子

正如前面第 5 章所討論的，ES2015 中導入了 JavaScript 類別，允許我們為 JavaScript 物件定義模版，並使用 JavaScript 實作封裝（encapsulation）和繼承（inheritance）[3]。

概括地說，類別必須包含並宣告一個名為 constructor() 的方法，而該方法將用於實例化一個新物件。關鍵字 new 允許呼叫建構子，而建構子中的關鍵字 this 會參照所建立的新物件，以下範例顯示一個基本建構子：

```
class Car {
    constructor(model, year, miles) {
        this.model = model;
        this.year = year;
        this.miles = miles;
    }

    toString() {
        return `${this.model} has done ${this.miles} miles`;
    }
}

// 用法：

// 可以建立汽車的新實例
```

3 *https://oreil.ly/VjSbn*

```
let civic = new Car('Honda Civic', 2009, 20000);
let mondeo = new Car('Ford Mondeo', 2010, 5000);

// 然後開啟瀏覽器控制台來查看
// 在這些物件上呼叫的 toString() 方法的輸出
console.log(civic.toString());
console.log(mondeo.toString());
```

這是 Constructor 模式的簡單版本，但存在一些問題。一是它會讓繼承變得困難，此外，為使用 Car 建構子所建立的每個新物件，都會重新定義諸如 toString() 之類的函數。這不是最佳化的，因為 Car 型別的所有實例在理想情況下，都應該共享相同的函數。

帶有原型的建構子

JavaScript 中的原型（prototype），允許您輕鬆地為特定物件的所有實例定義方法，無論這些物件是函數還是類別。呼叫 JavaScript 建構子來建立物件時，建構子原型的所有屬性都可用於新物件，透過這種方式，您可以擁有多個存取同一原型的 Car 物件；因此，可以如同下方擴展原始範例：

```
class Car {
    constructor(model, year, miles) {
        this.model = model;
        this.year = year;
        this.miles = miles;
    }
}

// 注意這裡使用的是 Object.prototype.newMethod
// 而不是 Object.prototype 以避免重新定義原型物件
// 仍然可以使用 Object.prototype 添加新方法，
// 因為在內部使用相同的結構

Car.prototype.toString = function() {
    return `${this.model} has done ${this.miles} miles`;
};

// 用法：
let civic = new Car('Honda Civic', 2009, 20000);
let mondeo = new Car('Ford Mondeo', 2010, 5000);

console.log(civic.toString());
console.log(mondeo.toString());
```

所有 Car 物件現在將共享 toString() 方法的單一實例。

Module 模式

模組（Module）是任何強固應用程式架構中，不可或缺的一部分，通常有助於專案程式碼單元能夠清楚地分離和組織化。

經典 JavaScript 有幾個用於實作模組的選項，例如：

- 物件文字標記法（object literal notation）
- Module 模式
- AMD 模組
- CommonJS 模組

第 5 章已經討論過現代 JavaScript 模組，也就是「ES 模組」或「ECMAScript 模組」；這裡主要使用 ES 模組作為本節中的範例。

在 ES2015 之前，CommonJS 模組或 AMD 模組是流行的替代方案，因為它們允許您匯出模組的內容，本書第 10 章會探討 AMD、CommonJS 和 UMD 模組；但首先，先來瞭解 Module 模式及其起源。

Module 模式部分基於物件文字（object literal），因此這裡需要先複習一下。

物件文字

在物件文字標記法中，會將物件描述為一組用大括號（{}）括起來的逗號分隔的名稱／值對（name/value pair），物件內的名稱可以是字串，或後面跟著冒號的識別符。最好不要在物件中的最終名稱／值對的後面使用逗號，因為這可能會導致錯誤：

```
const myObjectLiteral = {
    variableKey: variableValue,
    functionKey() {
        // ...
    }
};
```

物件文字不需要使用 new 運算子進行實例化，但也不應在敘述的開頭使用，因為開頭的 { 可能會解釋為新區塊的開頭。在一個物件之外，可以使用以下指派方式來為它添加新成員 myModule.property = "someValue";。

下面是使用物件文字標記法所定義的模組的完整範例：

```
const myModule = {
    myProperty: 'someValue',
    // 物件文字可以包含屬性與方法。
    // 例如，可以為模組配置定義一個進一步的物件：
    myConfig: {
        useCaching: true,
        language: 'en',
    },
    // 一個非常基本的方法
    saySomething() {
        console.log('Where is Paul Irish debugging today?');
    },
    // 根據目前的配置輸出一個值
    reportMyConfig() {
        console.log(
            `Caching is: ${this.myConfig.useCaching ? 'enabled' : 'disabled'}`
        );
    },
    // 覆寫目前的配置
    updateMyConfig(newConfig) {
        if (typeof newConfig === 'object') {
            this.myConfig = newConfig;
            console.log(this.myConfig.language);
        }
    },
};

// 輸出：What is Paul Irish debugging today?
myModule.saySomething();

// 輸出：Caching is: enabled
myModule.reportMyConfig();

// 輸出：fr
myModule.updateMyConfig({
    language: 'fr',
    useCaching: false,
});

// 輸出：Caching is: disabled
myModule.reportMyConfig();
```

使用物件文字提供了一種封裝和組織程式碼的方法，如果想進一步閱讀有關物件文字的說明，Rebecca Murphey 有針對這個主題寫一篇深度文章。[4]

Module 模式

Module 模式最初定義為替傳統軟體工程中的類別提供私有和公共封裝。

曾幾何時，組織任何合理大小的 JavaScript 應用程式都是一項挑戰。開發人員只能依靠各自的腳本，來拆分和管理可重用的邏輯塊，因此在 HTML 檔案中手動匯入 10 到 20 個腳本以保持程式整潔，也就不足為奇了。使用物件，Module 模式只是把邏輯封裝在同時具有公共和「私有」方法檔案中的一種方式，隨著時間推移，出現了幾個客製化模組系統，讓這件事更加容易。現在，開發人員可以使用 JavaScript 模組來組織物件、函數、類別或變數，以便輕鬆地把它們匯出或匯入到其他檔案中。這有助於防止不同模組中所包含的類別或函數名稱之間發生衝突。可見圖 7-2 說明的 Module 模式。

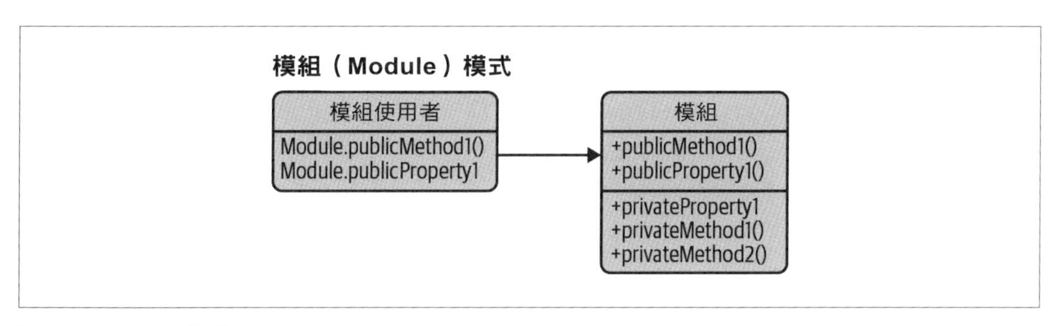

圖 7-2 Module 模式

隱私

Module 模式使用閉包（closure）來封裝「隱私」狀態和組織。它提供一種包裝公共和私有方法與變數的混合方式，防止有些部分洩漏到全域作用域（scope）內，並意外地與另一個開發人員的介面發生衝突。使用此模式，您只會公開公共 API，而讓閉包中的所有其他內容維持私有。

4 *https://oreil.ly/rAYcw*

這提供一個乾淨的解決方案，其中屏蔽邏輯完成了繁重的工作，而我們只公開一個希望應用程式其他部分會使用的介面。模式使用了立即呼叫的函數運算式（immediately invoked function expression, IIFE）[5]，而它會傳回一個物件。想知道更多關於 IIFE 的資訊，請參見第 11 章。

請注意，和某些傳統語言不同，JavaScript 中沒有明確且真正具有意義的「隱私」，因為它沒有存取修飾子（access modifier），技術上無法把變數宣告為公共或私有，所以使用函數作用域來模擬這個概念。在模組模式中，宣告的變數或方法只在模組內部可用，這要歸功於閉包；但是，傳回物件中所定義的變數或方法，則對所有人都可用。

在傳回的物件中實作變數隱私的變通方法使用了 `WeakMap()`[6]，本章第 50 頁「使用 WeakMap 的現代 Module 模式」會討論。`WeakMap()` 只會接受物件來作為鍵，而且不能迭代，因此，存取模組內部物件的唯一方法是透過它的參照。在模組之外，您只能透過在它裡面定義的公共方法來存取，因此，它能確保物件隱私。

歷史

回顧歷史，Module 模式最初是由好幾個人在 2003 年開發的，其中包括 Richard Cornford[7]，之後因 Douglas Crockford 的講座而日益普及。還有一件瑣事，如果您曾經使用過 Yahoo 的 YUI 程式庫，可能會覺得某些功能非常熟悉，原因是 YUI 建立元件時，曾深受 Module 模式的影響。

範例

以下開始著手建立一個獨立模組，以實作 Module 模式。我們在實作中使用了 `import` 和 `export` 關鍵字，回顧一下之前的討論，`export` 允許您提供對模組外部的模組特性存取；同時，`import` 允許將模組匯出的綁定，匯入到我們的腳本中：

```
let counter = 0;

const testModule = {
  incrementCounter() {
    return counter++;
```

5 *https://oreil.ly/5gefl*

6 *https://oreil.ly/SmKvK*

7 *https://oreil.ly/YTZeM*

```
  },
  resetCounter() {
    console.log(`counter value prior to reset: ${counter}`);
    counter = 0;
  },
};

// 預設的匯出模組，沒有名稱
export default testModule;

// 用法：

// 從路徑匯入模組
import testModule from './testModule';

// 將計數器增量
testModule.incrementCounter();

// 檢查計數器的值並重設
// 輸出：counter value prior to reset: 1
testModule.resetCounter();
```

在這裡，程式碼的其他部分不能直接讀取 `incrementCounter()` 或 `resetCounter()` 的值。`counter` 變數完全不受全域作用域的影響，因此它的行為就像私有變數一樣，它的存在僅限於模組的閉包內，因此這兩個函數是唯一能夠存取其作用域的程式碼。這個方法能讓命名空間化實際發揮作用，因此在程式碼測試部分，需要在任何呼叫前加上模組名稱，例如 `testModule`。

在使用 Module 模式時，可能會發現定義一個可以用來開始的簡單模版很有幫助，以下是一個涵蓋了命名空間、公共和私有變數的模版：

```
// 一個私有的計數器變數
let myPrivateVar = 0;

// 一個會記錄任何參數的私有函數
const myPrivateMethod = foo => {
  console.log(foo);
};

const myNamespace = {
  // 一個公共變數
  myPublicVar: 'foo',

  // 一個使用私有變數的公共函數
```

```
  myPublicFunction(bar) {
    // 增量的私有計數器
    myPrivateVar++;

    // 使用 bar 來呼叫的私有方法
    myPrivateMethod(bar);
  },
};

export default myNamespace;
```

下面是另一個範例，可以看到使用此模式實作的購物籃。該模組本身完全獨立存在於一個名為 basketModule 的全域變數中，模組中的 basket 陣列是私有的，所以應用程式的其他部分無法直接讀取它；它只存在於模組的閉包中，因此唯一能夠存取它的方法，是那些可以存取其作用域的方法，即 addItem()、getItem() 等：

```
// 私有

const basket = [];

const doSomethingPrivate = () => {
  //...
};

const doSomethingElsePrivate = () => {
  //...
};

// 建立一個對外公開的物件
const basketModule = {
  // 添加項目到購物籃中
  addItem(values) {
    basket.push(values);
  },

  // 取得購物籃中的項目計數
  getItemCount() {
    return basket.length;
  },

  // 私有函數的公共別名
  doSomething() {
    doSomethingPrivate();
  },
```

```
    // 取得購物籃中的項目總值
    // reduce() 方法對累加器和陣列中的每個元素（從左到右）應用一個函數，
    // 以將其縮減為單一值。
    getTotal() {
      return basket.reduce((currentSum, item) => item.price + currentSum, 0);
    },
  };

  export default basketModule;
```

您可能已經注意到我們在模組內部傳回一個物件，它會自動指派給 basketModule，這樣就可以像下面這樣和它互動：

```
// 從路徑匯入模組
import basketModule from './basketModule';

// basketModule 傳回一個帶有可以使用的公共 API 物件

basketModule.addItem({
  item: 'bread',
  price: 0.5,
});

basketModule.addItem({
  item: 'butter',
  price: 0.3,
});

// 輸出：2
console.log(basketModule.getItemCount());

// 輸出：0.8
console.log(basketModule.getTotal());

// 但是，以下將不起作用：

// 輸出：undefined
// 這是因為購物籃本身並未作為公共 API 的一部分來公開
console.log(basketModule.basket);

// 這也行不通，因為它只存在於 basketModule 閉包作用域內，
// 而不存在於傳回的公共物件中
console.log(basket);
```

這些方法在 basketModule 中能讓命名空間化實際發揮作用，所有功能都包含在這個模組中，這帶來了幾項優勢，例如：

- 擁有只能由該模組使用的私有函數自由。它們不會暴露給頁面的其餘部分（只有我們匯出的 API 才會），因此可認定為真正私有。
- 由於我們通常會宣告和命名函數，試圖發現哪些函數拋出異常時，在除錯器中顯示呼叫堆疊會更容易。

Module 模式變化

隨著時間推移，設計人員導入了適合他們需求的 Module 模式不同變體。

匯入 Mixin

這個模式變體示範如何將全域變數，例如實用函數或外部程式庫作為參數傳遞給模組中的高階函數。這有效地允許匯入，並按照意願區域性幫它們取別名：

```
// utils.js
export const min = (arr) => Math.min(...arr);

// privateMethods.js
import { min } from "./utils";

export const privateMethod = () => {
  console.log(min([10, 5, 100, 2, 1000]));
};

// myModule.js
import { privateMethod } from "./privateMethods";

const myModule = () => ({
  publicMethod() {
    privateMethod();
  },
});

export default myModule;

// main.js
import myModule from "./myModule";

const moduleInstance = myModule();
moduleInstance.publicMethod();
```

export

下一個變體可以在不使用全域變數的情況下宣告它們，並且可以以類似方式支援上一個範例中所看到的全域匯入概念：

```
// module.js
const privateVariable = "Hello World";

const privateMethod = () => {
  // ...
};

const module = {
  publicProperty: "Foobar",
  publicMethod: () => {
    console.log(privateVariable);
  },
};

export default module;
```

優勢

我們已經瞭解 Constructor 模式有用之處，那為什麼 Module 模式也是一個不錯的選擇呢？對於初學者和來自物件導向背景的開發人員而言，它比真正封裝的想法要乾淨得多，至少從 JavaScript 的角度來看是這樣。藉由匯入 Mixin，開發人員可以管理模組之間的依賴關係，並根據需要來傳遞全域變數，從而使程式碼更易於維護和模組化。

其次，它支援私有資料，所以在 Module 模式中，只能存取使用 `export` 關鍵字外顯式匯出的值；沒有明確匯出的值就是私有的，只能在模組內使用，這能降低意外污染全域作用域的風險，不必擔心會不小心覆寫使用您的模組的開發人員所建立的值，這些值可能與您的私有值同名：這樣可以防止命名衝突和全域作用域污染。

使用 Module 模式，可以封裝不應該公開的部分程式碼，能降低使用多個依賴項和名稱空間的風險。請注意，要在所有 JavaScript 執行時期中使用 ES2015 模組，需要一個轉譯器（transpiler），例如 Babel。

缺點

Module 模式的缺點是會以不同方式存取公共和私有成員，若希望更改可見性時，必須對使用該成員的每個地方更改。

而且無法在稍後才添加到物件的方法中存取私有成員。也就是說，在許多情況下，模組模式仍然非常有用，而且如果使用得當，絕對有可能改進應用程式結構。

其他缺點包括無法為私有成員建立自動化單元測試（unit test），或是當臭蟲需要熱修復時，有其額外複雜性，也根本不可能修補（patch）私有成員；相反的，必須覆寫掉所有與有問題私有成員互動的公共方法，開發人員也不能輕易擴展私有成員，因此要注意的是，私有成員並不像最初顯示的那麼靈活。

想進一步閱讀 Module 模式，可參閱 Ben Cherry 傑出的深度文章[8]。

使用 WeakMap 的現代 Module 模式

在 ES6 中導入 JavaScript 的 `WeakMap`[9] 物件是鍵值對的集合，其中的鍵被弱化參照（weakly reference），鍵必須是物件，值則不受限。該物件本質上是一個地圖，其中的鍵被弱化地持有了。這意味著如果沒有對該物件的活動參照，則鍵將成為垃圾回收（garbage collection, GC）的目標。範例 7-1、7-2 和 7-3 顯示使用 `WeakMap` 物件的 Module 模式實作。

範例 7-1 基本模組定義

```
let _counter = new WeakMap();

class Module {
    constructor() {
        _counter.set(this, 0);
    }
    incrementCounter() {
        let counter = _counter.get(this);
        counter++;
        _counter.set(this, counter);
```

8 *https://oreil.ly/wfX1y*

9 *https://oreil.ly/SmKvK*

```
        return _counter.get(this);
    }
    resetCounter() {
        console.log(`counter value prior to reset: ${_counter.get(this)}`);
        _counter.set(this, 0);
    }
}

const testModule = new Module();

// 用法：

// 增量的計數器
testModule.incrementCounter();
// 檢查計數器的值並重設
// 輸出：counter value prior to reset: 1
testModule.resetCounter();
```

範例 *7-2* 具有私有／公共變數的名稱空間

```
const myPrivateVar = new WeakMap();
const myPrivateMethod = new WeakMap();

class MyNamespace {
    constructor() {
        // 私有計數器變數
        myPrivateVar.set(this, 0);
        // 會記錄任何參數的私有函數
        myPrivateMethod.set(this, foo => console.log(foo));
        // 公共變數
        this.myPublicVar = 'foo';
    }
    // 使用私有成員的公共函數
    myPublicFunction(bar) {
        let privateVar = myPrivateVar.get(this);
        const privateMethod = myPrivateMethod.get(this);
        // 增量的私有計數器
        privateVar++;
        myPrivateVar.set(this, privateVar);
        // 使用 bar 呼叫的私有方法
        privateMethod(bar);
    }
}
```

範例 *7-3* 購物籃實作

```
const basket = new WeakMap();
const doSomethingPrivate = new WeakMap();
const doSomethingElsePrivate = new WeakMap();

class BasketModule {
    constructor() {
        // 私有成員
        basket.set(this, []);
        doSomethingPrivate.set(this, () => {
            //...
        });
        doSomethingElsePrivate.set(this, () => {
            //...
        });
    }
    // 私有函數的公共別名
    doSomething() {
        doSomethingPrivate.get(this)();
    }
    doSomethingElse() {
        doSomethingElsePrivate.get(this)();
    }
    // 添加項目到購物籃中
    addItem(values) {
        const basketData = basket.get(this);
        basketData.push(values);
        basket.set(this, basketData);
    }
    // 取得購物籃中的項目計數
    getItemCount() {
        return basket.get(this).length;
    }
    // 取得購物籃中的項目總值
    getTotal() {
        return basket
            .get(this)
            .reduce((currentSum, item) => item.price + currentSum, 0);
    }
}
```

現代程式庫的模組

在使用 React 等 JavaScript 程式庫建構應用程式時，就可以使用 Module 模式。假設您有大量由團隊建立的客製化元件，這時候就可以將每個元件分開，放在它自己的檔案中，這實質上是為每個元件建立一個模組。以下是從 *material-ui*[10] 的按鈕元件進行客製化，並匯出為模組的按鈕元件範例：

```
import React from "react";
import Button from "@material-ui/core/Button";

const style = {
  root: {
    borderRadius: 3,
    border: 0,
    color: "white",
    margin: "0 20px"
  },
  primary: {
    background: "linear-gradient(45deg, #FE6B8B 30%, #FF8E53 90%)"
  },
  secondary: {
    background: "linear-gradient(45deg, #2196f3 30%, #21cbf3 90%)"
  }
};

export default function CustomButton(props) {
  return (
    <Button {...props} style={{ ...style.root, ...style[props.color] }}>
      {props.children}
    </Button>
  );
}
```

Revealing Module 模式

在對模組模式有粗淺的認識之後，來看看一個稍微改進的版本：Christian Heilmann 的闡明模組（Revealing Module）模式。

10 *https://oreil.ly/77tjD*

當 Heilmann 想要從一個公共方法呼叫另一個公共方法或存取公共變數時，他不得不重複主要物件的名稱，這讓他感到煩躁，因此催生出 Revealing Module 模式；而且，他也不想將自己想要公諸於世的東西改用物件文字標記法。

他的努力帶來一種更新後的模式，可以簡單地在私有作用域內定義所有函數和變數，並傳回一個匿名物件，帶有指向我們希望揭露的私有函數指標。

透過在 ES2015+ 中實作模組的現代方式[11]，模組中所定義的函數和變數的作用域已經是私有的。此外，也可使用 `export` 和 `import` 來揭露任何需要揭露的內容。

以下是一個在 ES2015+ 中使用 Revealing Module 模式的範例：

```
let privateVar = 'Rob Dodson';
const publicVar = 'Hey there!';

const privateFunction = () => {
  console.log(`Name:${privateVar}`);
};

const publicSetName = strName => {
  privateVar = strName;
};

const publicGetName = () => {
  privateFunction();
};

// 揭露指向私有函數和屬性的公共指標
const myRevealingModule = {
  setName: publicSetName,
  greeting: publicVar,
  getName: publicGetName,
};

export default myRevealingModule;

// 用法：
import myRevealingModule from './myRevealingModule';

myRevealingModule.setName('Matt Gaunt');
```

11 *https://oreil.ly/eMYvs*

此範例透過公共的獲取（get）和設定（set）方法，即 publicSetName 和 publicGetName，來揭露私有變數 privateVar。

您也可以使用該模式，以更具體的命名方案來揭露私有函數和屬性：

```
let privateCounter = 0;

const privateFunction = () => {
    privateCounter++;
}

const publicFunction = () => {
    publicIncrement();
}

const publicIncrement = () => {
    privateFunction();
}

const publicGetCount = () => privateCounter;

// 揭露指向私有函數和屬性的指標
const myRevealingModule = {
    start: publicFunction,
    increment: publicIncrement,
    count: publicGetCount
};

export default myRevealingModule;

// 用法：
import myRevealingModule from './myRevealingModule';

myRevealingModule.start();
```

優點

這種模式讓腳本的語法更加一致。在模組末尾，它還更能讓人理解哪些函數和變數可以公開存取，從而提高可讀性。

缺點

這種模式的一個缺點是，如果一個私有函數參照一個公共函數，需要修補程式時，該公共函數就無法覆寫。這是因為私有函數會繼續參照私有實作，並且該模式不適用於公共成員，僅適用於函數。

參照私有變數的公共物件成員也受制於無修補規則。

因此，使用 Revealing Module 模式所建立的模組，可能比使用原始 Module 模式建立的模組更脆弱，使用時應該留意這一點。

Singleton 模式

Singleton 模式是將類別的實例化限制為單一物件的設計模式，在只需要一個物件來協調整個系統的動作時非常有用。傳統上，您可以藉由建立類別的方法來實作 Singleton 模式，而該方法只會在類別實例不存在時，才能建立此類別的新實例；如果實例已經存在，它只傳回對該物件的參照。

Singleton 和靜態類別（或物件）的不同之處在於可以延遲它們的初始化，因為它們需要某些在初始化期間可能無法使用的資訊。任何不知道先前對 Singleton 類別參照的程式碼都無法輕鬆檢索它，這是因為 Singleton 傳回的既不是物件也不是「類別」，而是一個結構。換個角度想，閉包變數實際上不是閉包，提供閉包的函數作用域才是閉包

ES2015+ 允許以實作 Singleton 模式來建立 JavaScript 類別的全域實例，該實例只會實例化一次。您可以透過模組匯出來揭露 Singleton 實例，這可以更加明確和控制它的存取，並把它和其他全域變數區分開來。您不能建立新的類別實例，但可以使用類別中所定義的公共 get 和 set 方法，來讀取／修改實例。

按照以下方式可實作 Singleton：

```
// instance 儲存對 Singleton 的參照
let instance;

// 私有方法與變數
const privateMethod = () => {
    console.log('I am private');
  };
const privateVariable = 'Im also private';
const randomNumber = Math.random();
```

```
// Singleton
class MySingleton {
  // 若已存在則取得 Singleton 實例
  // 或在不存在時建立一個實例
  constructor() {
    if (!instance) {
      // 公共屬性
      this.publicProperty = 'I am also public';
      instance = this;
    }

    return instance;
  }

  // 公共方法
  publicMethod() {
    console.log('The public can see me!');
  }

  getRandomNumber() {
    return randomNumber;
  }
}
// [ES2015+] 預設匯出模組，沒有名稱
export default MySingleton;

// instance 儲存對 Singleton 的參照
let instance;

// Singleton
class MyBadSingleton {
    // 總是建立一個新的 Singleton 實例
    constructor() {
        this.randomNumber = Math.random();
        instance = this;

        return instance;
    }

    getRandomNumber() {
        return this.randomNumber;
    }
}

export default MyBadSingleton;
```

```
// 用法：
import MySingleton from './MySingleton';
import MyBadSingleton from './MyBadSingleton';

const singleA = new MySingleton();
const singleB = new MySingleton();
console.log(singleA.getRandomNumber() === singleB.getRandomNumber());
// 真

const badSingleA = new MyBadSingleton();
const badSingleB = new MyBadSingleton();
console.log(badSingleA.getRandomNumber() !== badSingleB.getRandomNumber());
// 真

// 注意：由於用了亂數，數學上還是有可能兩個數字會相同，
// 不過不太可能。
// 否則，前面的範例應該還是有效的。
```

構成 Singleton 的是對實例的全域存取。GoF 書上對 Singleton 模式的**適用性**描述如下：

- 一個類別只能有一個實例，而且它必須可供客戶從眾所周知的接入點存取。
- 唯一的實例應該可以透過子類別化來擴展。而且，客戶應該能夠在不修改程式碼的情況下，使用擴展的實例。

其中，第二點就是可能需要程式碼的情況，例如：

```
constructor() {
    if (this._instance == null) {
        if (isFoo()) {
            this._instance = new FooSingleton();
        } else {
            this._instance = new BasicSingleton();
        }
    }

    return this._instance;
}
```

在這裡，「建構子」（constructor）變得有點像 Factory 方法，不需要更新存取它程式碼中的每個點。在此範例中，`FooSingleton` 將是 `BasicSingleton` 的子類別，並實作相同介面。

為什麼延遲執行對 Singleton 來說很重要？在 C++ 中，它用於隔離動態初始化順序的不可預測性，將控制權交還給程式設計師。

類別（物件）的靜態實例和 Singleton 之間的區別值得注意。雖然您可以將 Singleton 實作為靜態實例，但也可以惰性地構造它，在需要它之前不需要資源或記憶體。

假設有一個可以直接初始化的靜態物件。在這種情況下，需要確保程式碼始終以相同順序執行，例如，如果 `objCar` 在其初始化期間需要 `objWheel` 的話；並且，若有大量原始檔（source file）時不會擴展。

Singleton 和靜態物件都很有用，但也不應該過度使用，任何模式都一樣。

實際上，當需要一個物件來協調整個系統中的其他物件時，Singleton 模式總能派上用場。以下是在此上下文中使用該模式的一個範例：

```
// 選項：包含 Singleton 配置選項的物件
// 例如，const options = { name: "test", pointX: 5};
class Singleton {
    constructor(options = {}) {
      // 為 Singleton 設定一些屬性
      this.name = 'SingletonTester';
      this.pointX = options.pointX || 6;
      this.pointY = options.pointY || 10;
    }
  }

  // 實例持有者
  let instance;

  // 靜態變數和方法的模擬
  const SingletonTester = {
    name: 'SingletonTester',
    // 獲取實例的方法。
    // 它傳回 Singleton 物件的 Singleton 實例
    getInstance(options) {
      if (instance === undefined) {
        instance = new Singleton(options);
      }

      return instance;
    },
  };

  const singletonTest = SingletonTester.getInstance({
```

```
  pointX: 5,
});

// 記錄 pointX 的輸出只是為了驗證它是否正確
// 輸出：5
console.log(singletonTest.pointX);
```

雖然 Singleton 的用途顯而易見，但通常，在 JavaScript 中需要它時，就代表可能需要重新評估設計。不像在 C++ 或 Java 中必須定義一個類別來建立一個物件，JavaScript 允許直接建立物件；因此可以直接建立這樣的物件，而不用定義一個 Singleton 類別。也因此，在 JavaScript 中使用 Singleton 類別會有一些缺點：

識別 *Singleton* 不是這麼容易

如果您正在匯入一個大模組，將無法識別一個特定的類別是否為 Singleton，因此可能會不小心把它當作常規類別以實例化多個物件，並錯誤地更新。

對測試是一種挑戰

由於隱藏的依賴關係、建立多個實例的困難、根除依賴關係的困難等問題，Singleton 可能更難測試。

需要精心編排

Singleton 的日常使用案例是儲存在全域作用域內所需的資料，例如可以只設定一次，之後並由多個元件來使用的使用者憑證或 cookie 資料。實作正確的執行順序相當重要，這樣資料才會在可供使用後得以使用，而不是反過來；隨著應用程式的大小和複雜性的增長，這可能會越來越有挑戰性。

React 中的狀態管理

使用 React 進行 web 開發的開發人員，可以透過狀態管理工具，例如 Redux 或 React Context 來依賴全域狀態，而不是 Singleton。與 Singleton 不同，這些工具提供唯讀狀態而非可變狀態。

儘管全域狀態的缺點不會因為使用這些工具而神奇地消失，但至少可以確保全域狀態會按照預期方式產生變化，因為元件無法直接更新。

Prototype 模式

GoF 把 Prototype 模式稱為，基於現有物件的模版，以複製方式建立物件的模式。

Prototype 模式也可視為基於原型繼承，可在其中建立用來充當其他物件原型的物件。`prototype` 物件可以有效地拿來做為建構子所建立的每個物件藍圖，例如，如果使用的建構子原型包含一個名為 `name` 的屬性，如以下面程式碼範例，則該建構子所建立的每個物件也將具有相同屬性，相關說明請參見圖 7-3。

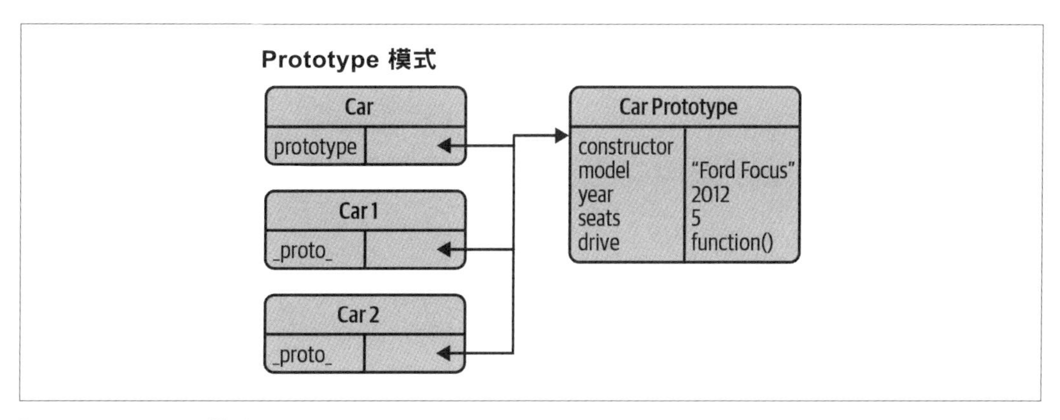

圖 7.3 Prototype 模式

回顧現有（非 JavaScript）文獻中此模式的定義，可能會再次找到對類別的參照。事實上，原型繼承完全避免了使用類別，理論上沒有「定義」物件，也沒有核心物件；只是在建立現有功能物件的副本。

使用 Prototype 模式的好處之一，是使用的就是 JavaScript 原生提供的原型優勢，而非試圖模仿其他語言的特性。這是其他設計模式所無法提供的。

該模式不僅是實現繼承的簡單方法，而且還可以提高效能。在物件中定義函數時，它們都是透過參照來建立的，因此所有子物件都指向相同函數；而非建立個別副本。

有 ES2015+，就可以使用類別和建構子來建立物件。雖然這可以確保程式碼看起來更簡潔，並遵循物件導向的分析和設計（object-oriented analysis and design, OOAD）原則，但類別和建構子在內部會編譯為函數和原型，這表示 JavaScript 仍具有原型優勢，和隨之而來的效能提升。

如果您有意進一步瞭解，符合 ECMAScript 5 標準中所定義的真正原型繼承，需要使用本節之前介紹過的 Object.create。在此回顧一下，Object.create 會建立一個具有指明的原型物件，並且可以選擇包含指明的屬性，例如 Object.create(prototype, optionalDescriptorObjects)。

以下範例中可看到這一點：

```
const myCar = {
    name: 'Ford Escort',

    drive() {
        console.log("Weeee. I'm driving!");
    },

    panic() {
        console.log('Wait. How do you stop this thing?');
    },
};

// 使用 Object.create 來實例化一輛新的汽車
const yourCar = Object.create(myCar);

// 現在可以看到它是另一輛的原型
console.log(yourCar.name);
```

Object.create 還能允許輕鬆地實作進階概念，例如差異繼承（differential inheritance），其中物件能夠直接從其他物件繼承而來。之前提到的 Object.create 則允許使用所提供的第二個參數，來初始化物件屬性。例如：

```
const vehicle = {
    getModel() {
        console.log(`The model of this vehicle is...${this.model}`);
    },
};

const car = Object.create(vehicle, {
    id: {
        value: MY_GLOBAL.nextId(),
        // 預設 writable:false, configurable:false
        enumerable: true,
    },

    model: {
        value: 'Ford',
```

```
        enumerable: true,
    },
});
```

在這裡，您可以使用物件文字來初始化 `Object.create` 的第二個參數屬性，其語法類似於之前查看 `Object.defineProperties` 和 `Object.defineProperty` 方法時，所使用的語法。

值得注意的是，在列舉物件的屬性，及如 Crockford 建議的那樣把迴圈內容包裝在 `hasOwnProperty()` 檢查中時，原型關係可能會引來一些麻煩。

要是希望在不直接使用 `Object.create` 的情況下實作 Prototype 模式，可以按照前面的範例來模擬該模式，如下所示：

```
class VehiclePrototype {
  constructor(model) {
    this.model = model;
  }

  getModel() {
    console.log(`The model of this vehicle is... ${this.model}`);
  }

  clone() {}
}

class Vehicle extends VehiclePrototype {
  constructor(model) {
    super(model);
  }

  clone() {
    return new Vehicle(this.model);
  }
}

const car = new Vehicle('Ford Escort');
const car2 = car.clone();
car2.getModel();
```

這個替代方案不允許使用者以相同方式定義唯讀屬性，因為一不小心，可能就會更改 `vehiclePrototype`。

Prototype 模式的最後一種替代性實作可能如下所示：

```
const beget = (() => {
    class F {
        constructor() {}
    }

    return proto => {
        F.prototype = proto;
        return new F();
    };
})();
```

可以從 vehicle 函數參照這一方法。但是，請注意這裡的 vehicle 模擬了建構子，因為除了把物件連結到原型之外，Prototype 模式不包含任何初始化概念。

Factory 模式

Factory 模式是另一種建立物件的建立型模式，不同於同類中的其他模式，它沒有明確要求使用建構子。相反的，Factory 提供用於建立物件的通用介面，讓人可以在其中指明要建立的 Factory 物件類型（圖 7-4）。

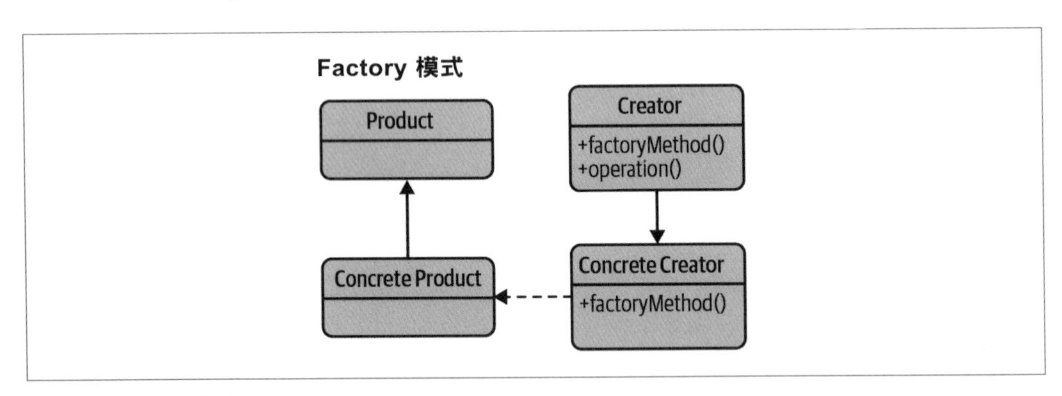

圖 7-4 Factory 模式

想像一下要建立一座含 UI 元件的 UI 工廠，但不直接使用 new 運算子或其他建立型建構子來建立此元件，而是向 Factory 物件請求新元件。在通知 Factory 需要什麼類型的物件，例如「Button」、「Panel」等之後，Factory 就會將之實例化，並傳回提供使用。

在相對複雜的物件建立過程時，例如強烈依賴於動態因素或應用程式配置時，這會顯得特別有用。

以下範例建立在之前的程式碼片段之上，使用 Constructor 模式邏輯來定義汽車，示範如何使用 Factory 模式來實作 `VehicleFactory`：

```
// Types.js - 幕後使用的類別
// 用來定義新汽車的類別
class Car {
  constructor({ doors = 4, state = 'brand new', color = 'silver' } = {}) {
    this.doors = doors;
    this.state = state;
    this.color = color;
  }
}

// 用來定義新卡車的類別
class Truck {
  constructor({ state = 'used', wheelSize = 'large', color = 'blue' } = {}) {
    this.state = state;
    this.wheelSize = wheelSize;
    this.color = color;
  }
}

// FactoryExample.js
// 定義汽車工廠
class VehicleFactory {
  constructor() {
    this.vehicleClass = Car;
  }

  // 用於建立新 Vehicle 實例的 Factory 方法
  createVehicle(options) {
    const { vehicleType, ...rest } = options;

    switch (vehicleType) {
      case 'car':
        this.vehicleClass = Car;
        break;
      case 'truck':
        this.vehicleClass = Truck;
        break;
      // 預設為 VehicleFactory.prototype.vehicleClass (Car)
    }
```

```
    return new this.vehicleClass(rest);
  }
}

// 建立製造汽車的工廠實例
const carFactory = new VehicleFactory();
const car = carFactory.createVehicle({
  vehicleType: 'car',
  color: 'yellow',
  doors: 6,
});


// 測試以確認汽車是使用 vehicleClass/prototype Car 建立的
// 輸出：true
console.log(car instanceof Car);
// 輸出：Car object of color "yellow", doors: 6 in a "brand new" state
console.log(car);
```

這裡已經使用建構子定義汽車和卡車類別，這些建構子設定了與相應車輛相關的屬性。VehicleFactory 可以根據所傳遞的 vehicleType，來建立新的車輛物件 Car 或 Truck。

使用 VehicleFactory 類別建構卡車有兩種可能的方法。

方法 1，修改 VehicleFactory 實例以使用 Truck 類別：

```
const movingTruck = carFactory.createVehicle({
    vehicleType: 'truck',
    state: 'like new',
    color: 'red',
    wheelSize: 'small',
});

// 測試以確認卡車是使用 vehicleClass/prototype Truck 建立的

// 輸出：true
console.log(movingTruck instanceof Truck);

// 輸出：卡車物件的 color 為「red」，具有「like new」state
// 以及「small」wheelSize
console.log(movingTruck);
```

方法 2，將 VehicleFactory 子類別化以建立一個工廠類別，來建構 Trucks：

```
class TruckFactory extends VehicleFactory {
    constructor() {
```

```
        super();
        this.vehicleClass = Truck;
    }
}
const truckFactory = new TruckFactory();
const myBigTruck = truckFactory.createVehicle({
    state: 'omg...so bad.',
    color: 'pink',
    wheelSize: 'so big',
});

// 確認 myBigTruck 是使用原型 Truck 建立的
// 輸出：true
console.log(myBigTruck instanceof Truck);

// 輸出：卡車物件的 color 為「pink」，wheelSize「so big」
// 以及 state 為「omg. so bad」
console.log(myBigTruck);
```

使用 Factory 模式的時機

在以下情況使用 Factory 模式可能好處多多：

- 物件或元件設定涉及高度複雜性時。
- 需要一種方便的辦法，以根據所處環境產生不同物件實例時。
- 處理許多共享相同特性的小物件或元件時。
- 把物件與其他物件的實例組合在一起時，只需要滿足 API 契約（contract），即鴨子型別（duck typing）即可運作。這能有效解耦。

不使用 Factory 模式的情況

若是在錯誤的問題類型使用該模式，會給應用程式帶來大量且不必要的複雜性。除非正在編寫的程式庫或框架的設計目標，是為物件的建立提供介面，否則我強烈建議使用外顯式建構子，以避免不必要的額外負擔。

因為物件建立的過程，會隨著複雜程度而在介面之後實質上地抽象化，所以可能因此導入單元測試問題。

Abstract Factory

Abstract Factory 模式也值得瞭解，它的主旨在於，封裝一組具有共同目標的個別工廠，會分開實作一組物件的細節及一般用法。

當系統必須獨立於它所建立物件的產生方式，或者需要使用多種類型的物件時，就可以使用 Abstract Factory。

最簡單又易於理解的範例是汽車工廠定義獲取或註冊車輛類型的方法。可以將 Abstract Factory 命名為 `AbstractVehicleFactory`，允許定義 `car` 或 `truck` 等車輛類型，而具體工廠將僅實作滿足車輛契約的類別，例如，`Vehicle.prototype.drive` 和 `Vehicle.prototype.breakDown`：

```
class AbstractVehicleFactory {
  constructor() {
    // 車型的儲存區
    this.types = {};
  }

  getVehicle(type, customizations) {
    const Vehicle = this.types[type];
    return Vehicle ? new Vehicle(customizations) : null;
  }

  registerVehicle(type, Vehicle) {
    const proto = Vehicle.prototype;
    // 只註冊滿足車輛契約的類別
    if (proto.drive && proto.breakDown) {
      this.types[type] = Vehicle;
    }
    return this;
  }
}

// 用法：
const abstractVehicleFactory = new AbstractVehicleFactory();
abstractVehicleFactory.registerVehicle('car', Car);
abstractVehicleFactory.registerVehicle('truck', Truck);

// 根據抽象車輛類型實例化一輛新車
const car = abstractVehicleFactory.getVehicle('car', {
  color: 'lime green',
```

```
  state: 'like new',
});

// 以類似的方式實例化一輛新卡車
const truck = abstractVehicleFactory.getVehicle('truck', {
  wheelSize: 'medium',
  color: 'neon yellow',
});
```

結構型模式

結構型模式會處理類別和物件的組合，例如，繼承概念允許組合介面和物件，以便讓它們獲得新功能。結構型模式提供的是組織類別和物件的最佳方法及實務。

以下是本節將討論的 JavaScript 結構型模式：

- 第 69 頁「Facade 模式」
- 第 72 頁「Mixin 模式」
- 第 77 頁「Decorator 模式」
- 第 87 頁「Flyweight」

Facade 模式

門面（facade）一詞，代表的是一種公諸於世的外型，儘管之下可能掩蓋了截然不同的現實；這正是下一個要介紹的 Facade 模式一名之由來。這種模式能為更大的程式碼體提供方便的高階介面，並隱藏其真正的底層複雜性，可以說，它簡化了要呈現給其他開發人員的 API，具有幾乎總能提高可用性的特質（見圖 7-5）。

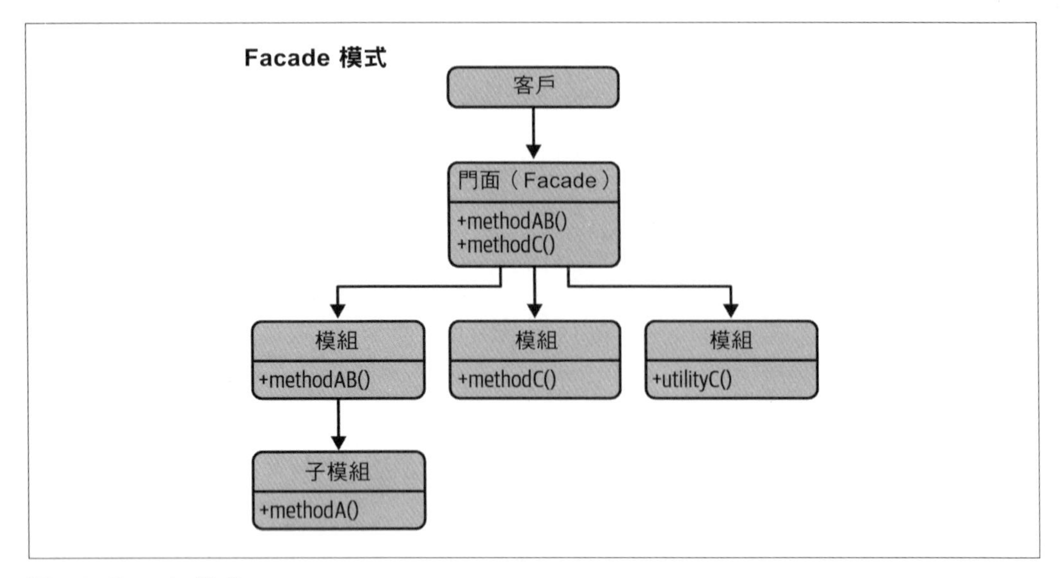

圖 7-5 Facade 模式

Facade 是一種結構型模式，常見於 jQuery 等 JavaScript 程式庫中的它，儘管實作可能支援具有多種行為的方法，但只有「門面」或這些方法的有限度抽象化，會公開呈現以供使用。

這讓人可以直接與 Facade 而不是幕後的子系統互動。每當使用 jQuery 的 `$(el).css()` 或 `$(el).animate()` 方法時，都在使用更簡單的公開介面：Facade，從而避免手動呼叫 jQuery 核心中的許多內部方法好讓一些行為生效；這也避免了手動地和 DOM API 互動以及維護狀態變數的需要。

jQuery 核心方法可視為中介抽象化。對開發人員來說，更直接的負擔是讓 jQuery 程式庫變得如此容易使用的 DOM API 和 Facade。

以所學為基礎，Facade 模式簡化了類別的介面，並將類別與使用它的程式碼分離，這樣能夠以一種有時比直接存取子系統更不容易出錯的方式，和子系統間接互動。Facade 的優點正是易於使用，且在實作模式時，通常只會占用較小空間。

以下為實際模式，這裡是一個未優化的程式碼範例，使用 Facade 來簡化跨瀏覽器監聽事件的介面，可透過建立一個通用方法來完成此任務，該方法會檢查功能是否存在，以便它可以提供安全且跨瀏覽器相容的解決方案：

```
const addMyEvent = (el, ev, fn) => {
    if (el.addEventListener) {
      el.addEventListener(ev, fn, false);
    } else if (el.attachEvent) {
      el.attachEvent(`on${ev}`, fn);
    } else {
      el[`on${ev}`] = fn;
    }
  };
```

類似方式是為人所知的 jQuery `$(document).ready(…)`。內部是由一個叫做 `bindReady()` 的方法提供支援，如以下所見：

```
function bindReady() {
  // 使用好用的事件回呼
  document.addEventListener('DOMContentLoaded', DOMContentLoaded, false);
  // 到 window.onload 的後續，它會一直有效
  window.addEventListener('load', jQuery.ready, false);
}
```

這是另一個 Facade 的例子，另一種用法是使用由 `(document).ready(…)` 提供的簡化介面，而其背後更複雜的實作則隱藏起來。

然而，Facade 不是非單獨使用不可，它也可以和其他模式整合，例如 Module 模式。正如接下來所看到的，Module 模式實例包含許多私有定義的方法，然後使用 Facade 來提供更簡單的 API 以存取這些方法：

```
// privateMethods.js
const _private = {
  i: 5,
  get() {
    console.log(`current value: ${this.i}`);
  },
  set(val) {
    this.i = val;
  },
  run() {
    console.log('running');
  },
  jump() {
    console.log('jumping');
  },
};

export default _private;
```

```
// module.js
import _private from './privateMethods.js';

const module = {
  facade({ val, run }) {
    _private.set(val);
    _private.get();
    if (run) {
      _private.run();
    }
  },
};

export default module;

// index.js
import module from './module.js';

// 輸出：「current value: 10」與「running」
module.facade({
  run: true,
  val: 10,
});
```

在此範例中，呼叫 module.facade() 會觸發模組內的一組私有行為，但使用者不必關心這件事，他們只要覺得功能更容易使用即可，不必擔心實作層級的細節。

Mixin 模式

在 C++ 和 Lisp 等傳統程式設計語言中，Mixin 是提供功能的類別，一個或一組子類別皆可以輕鬆地繼承這些功能以重用。

子類別化

前文已介紹 ES2015+ 特性，它允許擴展基底（base）類別或超類別（superclass），並呼叫超類別中的方法。而擴展超類別的子級（child）類別，則稱為子類別（subclass）。

子類別化（subclassing）是指從基底類別或超類別物件中繼承的新物件屬性，子類別仍然可以定義它的方法，包括那些最初覆寫在超類別中的定義方法。子類別中的方法可以呼叫超類別中覆寫的方法，稱為方法鏈接（method chaining）；同樣的，它也可以呼叫超類別的建構子，稱為建構子鏈接（constructor chaining）。

想示範子類別化，首先需要一個可以建立自身新實例的基底類別，以下即以人為概念，來建立模型：

```
class Person{
    constructor(firstName, lastName) {
        this.firstName = firstName;
        this.lastName = lastName;
        this.gender = "male";
    }
}
// 然後可以很容易地建立一個新的 Person 實例，如下所示：
const clark = new Person( 'Clark', 'Kent' );
```

接下來要指明一個新類別，是現有 Person 類別的子類別，想像一下，它需要添加不同屬性以區分 Person 和 Superhero，同時又繼承 Person 超類別的屬性；因為就算是超級英雄，也和普通人一樣具有姓名、性別等特徵，這應該能夠充分說明子類別化的工作原理：

```
class Superhero extends Person {
    constructor(firstName, lastName, powers) {
        // 呼叫超類別建構子
        super(firstName, lastName);
        this.powers = powers;
    }
}

// 可以按如下方式建立一個新的 Superhero 實例

const SuperMan = new Superhero('Clark','Kent', ['flight','heat-vision']);
console.log(SuperMan);

// 輸出 Person 的屬性和力量
```

Superhero 建構子會建立 Superhero 類別的實例，它是 Person 類別的擴展。這種型別的物件會具有鏈中所有在它上面類別的屬性。如果在 Person 類別中設定了預設值，Superhero 可以使用特定於其類別的值，來覆寫任何繼承的值。

Mixin

在 JavaScript 中，可以考慮從 Mixin 繼承以透過擴展來收集功能，定義的每個新類別，都有一個它可以繼承方法和屬性的超類別，類別也可以定義自己的屬性和方法。利用這項事實，可以促進函數重用，如圖 7-6 所示。

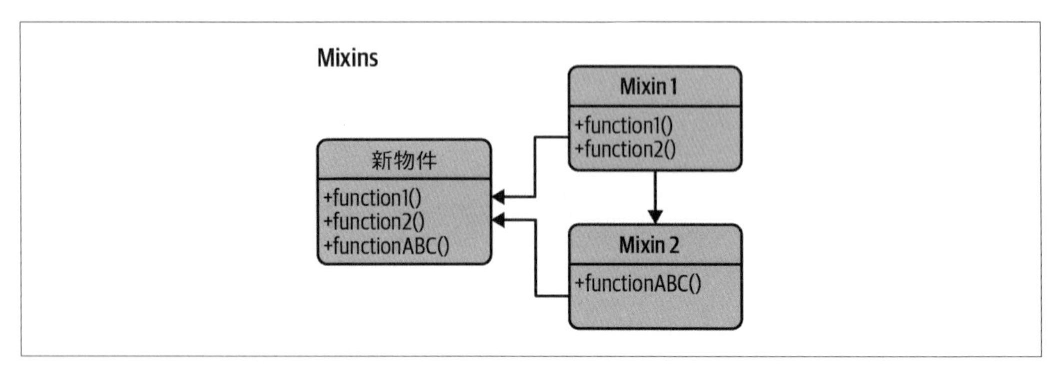

圖 7-6 Mixin

Mixin 允許物件以最小的複雜性，來借用（或繼承）它們的功能，因此，Mixin 是可以在多個其他類別之間輕鬆共享屬性和方法的類別。

雖然 JavaScript 類別不能從多個超類別繼承，但仍然可以混合來自不同類別的功能。JavaScript 中的類別既可以用來當作運算式，也可以用來當作敘述，作為運算式，每次評估它時都會傳回一個新類別，extends 子句還可以接受傳回類別或建構子的任意運算式。這些特性讓 Mixin 可以定義為會接受超類別，並從中建立新子類別的函數。

想像一下，標準 JavaScript 類別中定義了一個包含實用函數的 Mixin，如下所示：

```
const MyMixins = superclass =>
    class extends superclass {
        moveUp() {
            console.log('move up');
        }
        moveDown() {
            console.log('move down');
        }
        stop() {
            console.log('stop! in the name of love!');
        }
    };
```

這裡建立了一個可以擴展動態超類別的 MyMixins 函數。現在將建立兩個類別，CarAnimator 和 PersonAnimator，MyMixins 可以從這兩個類別擴展並傳回一個子類別，該子類別具有在 MyMixins 中定義的方法，以及那個擴展類別中的方法：

```
// 一個 carAnimator 建構子骨架
class CarAnimator {
    moveLeft() {
        console.log('move left');
    }
}
// 一個 personAnimator 建構子骨架
class PersonAnimator {
    moveRandomly() {
        /*...*/
    }
}

// 使用 CarAnimator 擴展 MyMixins
class MyAnimator extends MyMixins(CarAnimator) {}

// 建立一個 carAnimator 的新實例
const myAnimator = new MyAnimator();
myAnimator.moveLeft();
myAnimator.moveDown();
myAnimator.stop();

// 輸出：
// move left
// move down
// stop! in the name of love!
```

正如所見，這會讓把相似行為混合到類別中變得相當簡單。

以下範例有兩個類別：Car 和 Mixin。要做的是擴增（augment）Car，這是擴展的另一種說法，以便它可以繼承 Mixin 中定義的特定方法，也就是 driveForward() 和 driveBackward()。

以下將示範如何擴增建構子以包含功能，而無需為可能擁有的每個建構子重複此過程：

```
// Car.js
class Car {
  constructor({ model = 'no model provided', color = 'no color provided' }) {
    this.model = model;
    this.color = color;
  }
```

```
}

export default Car;

// Mixin.js 與 index.js 維持不變

// index.js
import Car from './Car.js';
import Mixin from './Mixin.js';

class MyCar extends Mixin(Car) {}

// 建立一新的 Car
const myCar = new MyCar({});

// 測試以確保現在可以存取這些方法
myCar.driveForward();
myCar.driveBackward();

// 輸出：
// drive forward
// drive backward

const mySportsCar = new MyCar({
  model: 'Porsche',
  color: 'red',
});

mySportsCar.driveSideways();

// 輸出：
// drive sideways
```

優點和缺點

Mixin 有助於減少系統中的重複功能，並增加可重用的功能。如果應用程式有需要跨物件實例的共享行為，就可以透過在 Mixin 中維護此共享功能而輕鬆避免重複，從而只專注於在系統中實作真正不同的功能。

不過，Mixin 的缺點更值得商榷。一些開發人員認為把功能注入到類別或物件原型中是一個餿主意，因為它會導致原型污染，以及函數來源的不確定性，這是大型系統常常遇到的情況。

即使使用 React，在導入 ES6 類別之前，Mixin 也經常用來向元件添加功能。React 團隊不鼓勵使用 Mixin[12]，因為它會替元件增加不必要的複雜性，讓它難以維護和重用；該團隊鼓勵改用高階元件和 Hook[13]。

我認為可靠的說明文件有助於減少混合函數來源等相關混淆；不過，和每個模式一樣，如果實作過程可以小心一點，那一切應該就沒問題了。

Decorator 模式

Decorator 是一種旨在促進程式碼重用的結構型設計模式，和 Mixin 一樣，可以將之視為物件子類別化的另一種可行替代方案。

傳統上，裝飾器提供向系統的現有類別動態地添加行為的能力。這個想法認為裝飾（*decoration*）本身不是類別必備的基本功能；否則，就會將它寫入**超類別**本身。

不希望大量更改使用底層程式碼，同時又希望向物件添加附加功能時，就可以使用 Decorator 模式來修改現有系統。開發人員使用這個模式的一個常見原因是，他們的應用程式可能包含一些需要用到許多不同類型物件的功能，就好像要為一個 JavaScript 遊戲定義數百個不同的物件建構子（見圖 7-7）。

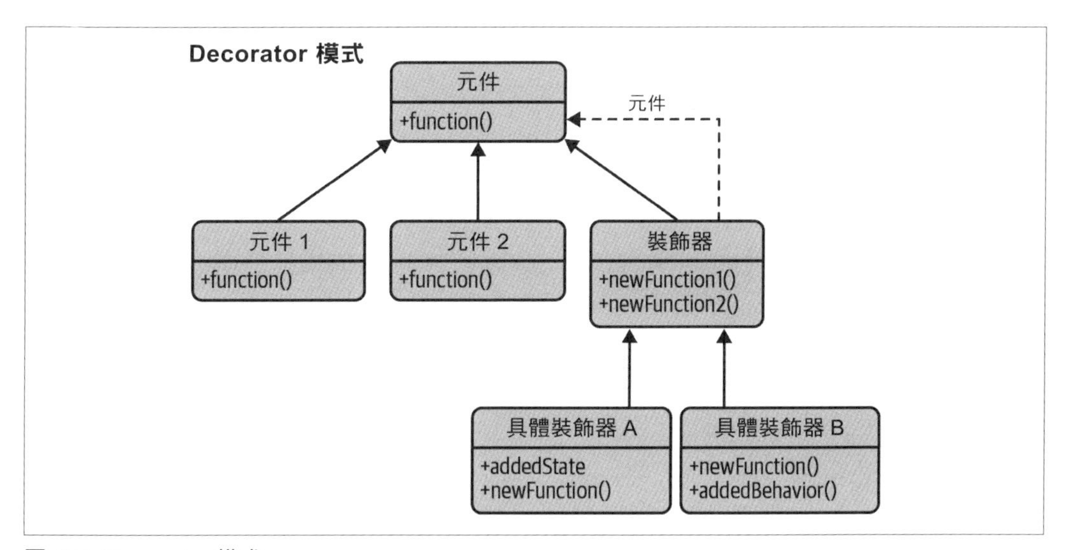

圖 7-7 Decorator 模式

12 *https://oreil.ly/RCMzS*

13 *https://oreil.ly/f1216*

物件建構子可以代表不同的玩家類型，每種類型都有不同能力。魔戒（*Lord of the Rings*）可能需要 `Hobbit`、`Elf`、`Orc`、`Wizard`、`Mountain Giant` 及 `Stone Giant` 等建構子，但這樣的建構子很容易一下出現數百個，如果隨後考慮到能力問題，想像一下必須為每個功能類型組合建立子類別，例如 `HobbitWithRing`、`HobbitWithSword`、`HobbitWithRingAndSword` 等等，隨著考慮的不同能力越來越多時，這既不切實際，當然也難以管理。

Decorator 模式和物件的建立方式沒有太大關係，而是專注於擴展其功能的問題，不只是依賴原型繼承，也會使用單一基底類別，並逐步添加提供額外功能的裝飾器物件。這樣的想法是比起子類別化，更要向基底物件添加（裝飾）屬性或方法，所以它更為精簡。

可以使用 JavaScript 類別來建立可供裝飾的基底類別。在 JavaScript 中向類別的物件實例添加新屬性或方法，是一個直截了當的過程；考量到這一點，可以實作一個簡單的裝飾器，如範例 7-4 和 7-5 所示。

範例 *7-4* 用新功能裝飾建構子

```
// 車輛建構子
class Vehicle {
    constructor(vehicleType) {
        // 一些合理的預設值
        this.vehicleType = vehicleType || 'car';
        this.model = 'default';
        this.license = '00000-000';
    }
}

// 基本車輛的測試實例
const testInstance = new Vehicle('car');
console.log(testInstance);

// 輸出：
// vehicle: car, model:default, license: 00000-000

// 建立一個要裝飾的全新車輛實例
const truck = new Vehicle('truck');

// 正在裝飾車輛的新功能
truck.setModel = function(modelName) {
    this.model = modelName;
};

truck.setColor = function(color) {
```

```
    this.color = color;
};

// 測試值的設定器和值的指派是否正常工作
truck.setModel('CAT');
truck.setColor('blue');

console.log(truck);

// 輸出：
// vehicle:truck, model:CAT, color: blue

// 證明「車輛」仍未改變
const secondInstance = new Vehicle('car');
console.log(secondInstance);

// 輸出：
// vehicle: car, model:default, license: 00000-000
```

在這裡，`truck` 是 `Vehicle` 類別的一個實例，可用額外方法 `setColor` 和 `setModel` 來裝飾它。

這種簡單化的實作很實用，但它表現不出裝飾器提供的所有優勢。因此，我們將透過一本好書《*Head First Design Patterns*》之中的 Coffee 範例變體說明，該書由 Freeman 等人撰寫，環繞著購買 MacBook 來建立模型。

範例 7-5 使用多個裝飾器來裝飾物件

```
// 要裝飾的建構子
class MacBook {
    constructor() {
        this.cost = 997;
        this.screenSize = 11.6;
    }
    getCost() {
        return this.cost;
    }
    getScreenSize() {
        return this.screenSize;
    }
}

// 裝飾器 1
class Memory extends MacBook {
    constructor(macBook) {
```

```
        super();
        this.macBook = macBook;
    }

    getCost() {
        return this.macBook.getCost() + 75;
    }
}

// 裝飾器 2
class Engraving extends MacBook {
    constructor(macBook) {
        super();
        this.macBook = macBook;
    }

    getCost() {
        return this.macBook.getCost() + 200;
    }
}

// 裝飾器 3
class Insurance extends MacBook {
    constructor(macBook) {
        super();
        this.macBook = macBook;
    }

    getCost() {
        return this.macBook.getCost() + 250;
    }
}

// 初始化主物件
let mb = new MacBook();

// 初始化裝飾器
mb = new Memory(mb);
mb = new Engraving(mb);
mb = new Insurance(mb);

// 輸出：1522
console.log(mb.getCost());

// 輸出：11.6
console.log(mb.getScreenSize());
```

此範例的裝飾器覆寫了 MacBook 超類別物件的 `.cost()` 函數，以傳回 MacBook 的目前價格再加上升級成本。

這可視為裝飾，因為原始 `MacBook` 物件未被覆寫的建構子方法，例如 `screenSize()`，以及可能定義為 `MacBook` 一部分的任何其他屬性，都保持不變和完整。

前面的範例沒有定義介面。當從建立者轉移到接收者時，我們不需再承擔確保物件會滿足介面的責任。

偽古典裝飾器

現在來研究 Dustin Diaz 和 Ross Harmes 在所著的《*Pro JavaScript Design Patterns*》（PJDP）中，首次以 JavaScript 形式呈現的 Decorator 變體。

和前面的範例不同，Diaz 和 Harmes 更密切地關注裝飾器是如何使用「介面」的概念，實作於其他程式設計語言，例如 Java 或 C++，稍後會有更詳細的定義。

Decorator 模式的這種特殊變體僅供參考。如果您覺得它過於複雜，我建議您選擇前面介紹的簡單實作方式。

介面

《*PJDP*》一書將 Decorator 模式描述為一種以透明方式，把物件包裝在具有同一介面的其他物件中的模式。介面是定義物件*應該*具有方法的一種方式，但是不會直接指明應該實作這些方法的方式；介面也可以選擇性地指出方法要接受的參數。

所以，為什麼要在 JavaScript 中使用介面呢？因為它們會自我記錄並促進可重用性。理論上，介面會確保對介面的任何更改也必須傳播到實作它們的物件，而使得程式碼更穩定。

以下是使用鴨子型別在 JavaScript 中實作介面的範例。這種方式，有助於根據物件實作的辦法，來確定物件是否是建構子／物件的實例：

```
// 使用預定義的 Interface 建構子來建立介面
// 此建構子會接受介面名稱和
// 要公開的骨架方法。
```

```
// 在提醒範例中 summary() 和 placeOrder()
// 表示介面應該支援的功能
const reminder = new Interface('List', ['summary', 'placeOrder']);

const properties = {
    name: 'Remember to buy the milk',
    date: '05/06/2040',
    actions: {
        summary() {
            return 'Remember to buy the milk, we are almost out!';
        },
        placeOrder() {
            return 'Ordering milk from your local grocery store';
        },
    },
};

// 現在建立實作這些屬性和方法的建構子

class Todo {
    constructor({ actions, name }) {
        // 說明希望支援的方法
        // 以及正在檢查的介面實例

        Interface.ensureImplements(actions, reminder);

        this.name = name;
        this.methods = actions;
    }
}

// 建立 Todo 建構子的新實例

const todoItem = new Todo(properties);

// 最後測試以確保這些功能正常

console.log(todoItem.methods.summary());
console.log(todoItem.methods.placeOrder());

// 輸出：
// Remember to buy the milk, we are almost out!
// Ordering milk from your local grocery store
```

經典的 JavaScript 和 ES2015+ 都不支援介面；然而，Interface 類別可以自行建立。在前面的例子中，`Interface.ensureImplements` 提供了嚴格的功能檢查，可以找到它和 `Interface` 建構子的程式碼[14]。

介面的主要問題是 JavaScript 沒有內建對它們的支援，這可能會導致在嘗試模擬其他語言的功能時不太理想。然而，如果真的需要介面，可以使用 TypeScript，因為它為介面提供了內建的支援。在 JavaScript 中使用輕量級介面不會顯著地降低效能，下一節將使用相同概念來探索**抽象**裝飾器。

抽象裝飾器

為了示範這個版本的 Decorator 模式結構，先假設有一個再次用來建立 `MacBook` 模型的超類別，以及一個可以透過一些需要額外收費的增強功能，來「裝飾」MacBook 的商店。

增強功能可以包括升級到 4 GB 或 8 GB RAM，當然，現在還可以更高！還有刻字、Parallels 應用程式或機殼。現在，如果要為每個增強選項的組合使用個別子類別以建模，可能看起來就會像這樣：

```
const MacBook = class {
    //...
};

const MacBookWith4GBRam = class {};
const MacBookWith8GBRam = class {};
const MacBookWith4GBRamAndEngraving = class {};
const MacBookWith8GBRamAndEngraving = class {};
const MacBookWith8GBRamAndParallels = class {};
const MacBookWith4GBRamAndParallels = class {};
const MacBookWith8GBRamAndParallelsAndCase = class {};
const MacBookWith4GBRamAndParallelsAndCase = class {};
const MacBookWith8GBRamAndParallelsAndCaseAndInsurance = class {};
const MacBookWith4GBRamAndParallelsAndCaseAndInsurance = class {};
```

……依此類推。

這種解決方案不切實際，因為每一種可能的可用增強組合，都需要一個新的子類別。如果希望保持簡單而不需要維護大量的子類別，可以看看如何使用裝飾器來有效解決這個問題。

---

14 *https://oreil.ly/JbbLL*

這裡不需要之前看到的所有組合，只要建立 5 個新的裝飾器類別即可。在這些增強類別上呼叫的方法，將會傳遞給 MacBook 類別。

以下的範例中，裝飾器透明地包裹了它們的元件，並且因為使用相同的介面所以可以互換，這就是要為 MacBook 定義的介面：

```
const MacBook = new Interface('MacBook', [
    'addEngraving',
    'addParallels',
    'add4GBRam',
    'add8GBRam',
    'addCase',
]);

// MacBook Pro 因此可能表達如下：
class MacBookPro {
    // 實作 MacBook
}

// ES2015+：仍然可以使用 Object.prototype 來添加新方法，
// 因為在內部使用相同的結構

MacBookPro.prototype = {
    addEngraving() {},
    addParallels() {},
    add4GBRam() {},
    add8GBRam() {},
    addCase() {},
    getPrice() {
        // 底價
        return 900.0;
    },
};
```

為了方便以後根據需要來添加更多選項，這裡定義一個抽象裝飾器（abstract decorator）類別，其中包含實作 MacBook 介面所需的預設方法，其餘選項則將子類別化。Abstract Decorator 可確保根據需要，在不同組合中使用盡可能多的裝飾器，來獨立地裝飾基底類別（還記得前面的範例嗎？）而不需要為每個可能的組合再衍生一個類別：

```
// MacBook 裝飾器的抽象裝飾器類別

class MacBookDecorator {
    constructor(macbook) {
        Interface.ensureImplements(macbook, MacBook);
        this.macbook = macbook;
```

```
    }

    addEngraving() {
        return this.macbook.addEngraving();
    }

    addParallels() {
        return this.macbook.addParallels();
    }

    add4GBRam() {
        return this.macbook.add4GBRam();
    }

    add8GBRam() {
        return this.macbook.add8GBRam();
    }

    addCase() {
        return this.macbook.addCase();
    }

    getPrice() {
        return this.macbook.getPrice();
    }
}
```

在此範例中，MacBook Decorator 接受一個物件，即 MacBook，來當作基底元件。它使用之前定義的 MacBook 介面，每個方法只是在元件上呼叫相同的方法。現在可以為能夠使用 MacBook Decorator 來添加的內容建立選項類別：

```
// 現在用 MacBookDecorator
// 擴展（裝飾）CaseDecorator

class CaseDecorator extends MacBookDecorator {
    constructor(macbook) {
        super(macbook);
    }

    addCase() {
        return `${this.macbook.addCase()}Adding case to macbook`;
    }

    getPrice() {
        return this.macbook.getPrice() + 45.0;
    }
}
```

這裡覆寫想要修飾的 `addCase()` 和 `getPrice()` 方法，首先在原始 `MacBook` 上呼叫這些方法，然後簡單地向它們附加一個字串或數值，例如 `45.00` 來達成這一點。

到目前為止，本節介紹相當多資訊，以下就嘗試把所有資訊集中在一個範例內，希望能強調目前所學到的內容：

```
// macbook 的實例化
const myMacBookPro = new MacBookPro();

// 輸出：900.00
console.log(myMacBookPro.getPrice());

// 裝飾 macbook
const decoratedMacBookPro = new CaseDecorator(myMacBookPro);

// 這會傳回 945.00
console.log(decoratedMacBookPro.getPrice());
```

由於裝飾器可以動態地修改物件，因此它們是更改現有系統的完美模式。有時，為物件建立裝飾器，比為每個物件類型維護個別的子類別更簡單，這使得要維護那些可能需要許多子類別物件的應用程式變得更加直接。

您可以在 JSBin[15] 上找到此範例的函數型版本。

優點和缺點

開發人員喜歡使用這種模式，因為它可以透明地使用並且比較靈活，正如所見，物件可以用新行為來包裝或「裝飾」並繼續使用，而不必擔心基底物件遭到修改。在更廣泛的上下文中，這種模式也能避免需要依賴大量的子類別，才能獲得相同的好處。

但是，在實作該模式時也有一些缺點應該注意，如果管理不善，它會讓應用程式架構變得非常複雜，因為它會在命名空間中導入許多小型卻又相似的物件。令人擔心的是，不熟悉該模式的其他開發人員可能難以理解使用它的原因，從而讓它難以管理。

足夠的註解或模式研究應該可以改善管理問題，然而，只要處理好在應用程式中使用 Decorator 的範圍，這兩方面應該都不會有太大問題。

15 *https://oreil.ly/wNgs6*

Flyweight

Flyweight 模式是一種經典的結構型解決方案，用於優化重複、緩慢和低效率地共享資料的程式碼。它旨在透過與相關物件，例如應用程式配置、狀態等（參見圖 7-8），盡可能共享資料，來最大限度地減少應用程式中的記憶體使用。

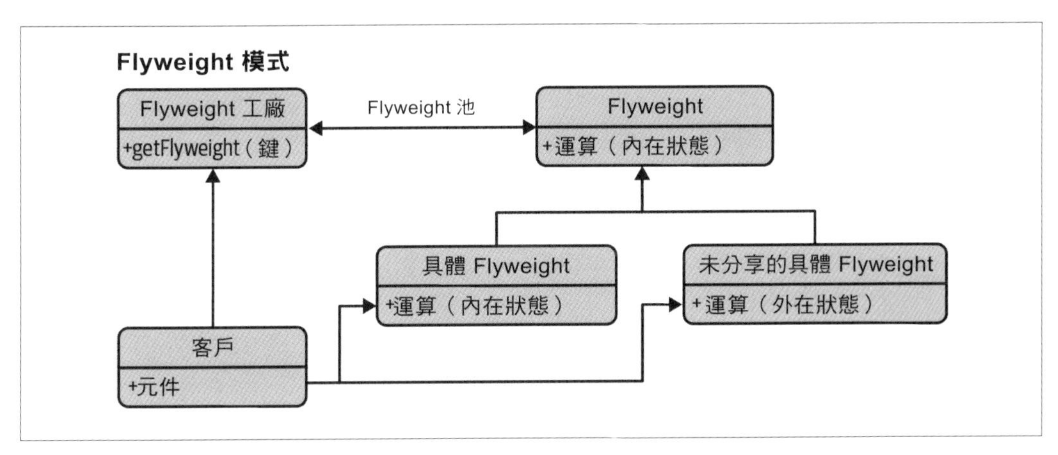

圖 7-8 Flyweight 模式

Paul Calder 和 Mark Linton 於 1990 年首次構思該模式，並以拳擊量級中，輕於 112 磅（約 50.8 公斤）的拳擊手等級命名為 Flyweight，即蠅量級，因為它旨在幫助達成記憶體占用的些許重量。

在實務上，Flyweight 資料共享可能涉及獲取多個相似的物件，或許多物件所使用的資料結構，並將這些資料放入單一外部物件中。我們可以把此物件傳遞給那些依賴於此資料的物件，而不用在每個物件之間儲存相同的資料。

使用 Flyweight

有兩種方法可以應用 Flyweight 模式。第一個是在資料層，也就是處理在大量儲存於記憶體相似物品中共享資料概念之處。

也可以在 DOM 層應用 Flyweight 作為中央事件管理器，以避免將事件處理程式附加到具有類似行為的父容器中的每個子元素上。

傳統上，Flyweight 模式多用在資料層，以下即為一例。

Flyweight 和共享資料

想要應用，需要瞭解更多關於經典 Flyweight 模式的概念。在 Flyweight 模式中有兩種狀態：內在（intrinsic）狀態和外在（extrinsic）狀態。物件的內部方法可能需要內在資訊，沒有這些資訊絕對無法執行；然而，外在資訊可以移除並儲存在外部。

您可以使用 Factory 模式所建立的單一共享物件，來替換具有相同內在資料的物件，這能夠明顯地減少要儲存的內隱式資料總量。

好處是可以關注已經實例化的物件，以便只有在內在狀態和與既有物件不同時，才會建立新副本。

可以使用管理器來處理外在狀態。您可以透過多種方式實作這一點，但其中一種方法是讓管理器物件包含一個中央資料庫，其中包含外在狀態以及它們所屬的 Flyweight 物件。

實作經典的 Flyweight 模式

JavaScript 現階段並沒有大量使用 Flyweight 模式，因此可以得到靈感的許多實作都來自 Java 和 C++ 世界。

以下程式碼可見的 Flyweigh，來自維基百科[16] Flyweight 模式的 Java 範例 JavaScript 實作。

此實作使用三種類型的 Flyweight 元件：

Flyweight

　　對應到一個介面，Flyweight 可以透過該介面接收外在狀態並操作。

具體的（*concrete*）*flyweight*

　　實際上實作了 Flyweight 介面並儲存內在狀態。具體的 Flyweight 需要可共享，且能夠操縱外在狀態。

---

16 *https://oreil.ly/6rtiJ*

Flyweight 工廠

管理 Flyweight 物件並且也會建立它們。工廠能確保 Flyweight 可共享，並把它們當作是一組物件來管理，需要個別實例時，可以查詢這些物件。如果一個物件已經在群組中建立了就傳回；否則，它會把一個新物件添加到池中並傳回。

這些對應於實作中的以下定義：

- `CoffeeOrder`：Flyweight
- `CoffeeFlavor`：具體 Flyweight
- `CoffeeOrderContext`：幫手函數
- `CoffeeFlavorFactory`：Flyweight 工廠
- `testFlyweight`：利用 Flyweight

Duck punching「實作」

Duck punching 允許擴展語言或解決方案的功能，而不必修改執行時期原始碼。由於下一個解決方案需要一個 Java 關鍵字（`implements`）來實作介面，但在 JavaScript 中找不到，所以要先進行 duck punch。

`Function.prototype.implementsFor` 作用於一個物件的建構子上，會接受一個父類別（函數）或物件，並對函數使用普通繼承，或對物件使用虛擬繼承來繼承這個父類別：

```
// 模擬介面實作的實用程式
class InterfaceImplementation {
  static implementsFor(superclassOrInterface) {
    if (superclassOrInterface instanceof Function) {
      this.prototype = Object.create(superclassOrInterface.prototype);
      this.prototype.constructor = this;
      this.prototype.parent = superclassOrInterface.prototype;
    } else {
      this.prototype = Object.create(superclassOrInterface);
      this.prototype.constructor = this;
      this.prototype.parent = superclassOrInterface;
    }
    return this;
  }
}
```

可以外顯式地使用函數繼承介面，以修補 **implements** 關鍵字的缺漏。接下來，**CoffeeFlavor** 實作了 **CoffeeOrder** 介面，並且必須包含它的介面方法，以便把支援這些實作的功能指派給一個物件：

```
// CoffeeOrder 介面
const CoffeeOrder = {
  serveCoffee(context) {},
  getFlavor() {},
};

class CoffeeFlavor extends InterfaceImplementation {
  constructor(newFlavor) {
    super();
    this.flavor = newFlavor;
  }

  getFlavor() {
    return this.flavor;
  }

  serveCoffee(context) {
    console.log(`Serving Coffee flavor ${this.flavor} to
       table ${context.getTable()}`);
  }
}

// 為 CoffeeOrder 實作介面
CoffeeFlavor.implementsFor(CoffeeOrder);

const CoffeeOrderContext = (tableNumber) => ({
  getTable() {
    return tableNumber;
  },
});

class CoffeeFlavorFactory {
  constructor() {
    this.flavors = {};
    this.length = 0;
  }

  getCoffeeFlavor(flavorName) {
    let flavor = this.flavors[flavorName];
    if (!flavor) {
      flavor = new CoffeeFlavor(flavorName);
      this.flavors[flavorName] = flavor;
```

```
      this.length++;
    }
    return flavor;
  }

  getTotalCoffeeFlavorsMade() {
    return this.length;
  }
}

// 用法範例：
const testFlyweight = () => {
  const flavors = [];
  const tables = [];
  let ordersMade = 0;
  const flavorFactory = new CoffeeFlavorFactory();

  function takeOrders(flavorIn, table) {
    flavors.push(flavorFactory.getCoffeeFlavor(flavorIn));
    tables.push(CoffeeOrderContext(table));
    ordersMade++;
  }

  // 下單
  takeOrders('Cappuccino', 2);
  // ...

  // 上菜
  for (let i = 0; i < ordersMade; ++i) {
    flavors[i].serveCoffee(tables[i]);
  }

  console.log(' ');
  console.log(`total CoffeeFlavor objects made:
    ${flavorFactory.getTotalCoffeeFlavorsMade()}`);
};

testFlyweight();
```

轉換程式碼以使用 Flyweight 模式

接下來，透過實作一個管理圖書館中所有書籍的系統，來繼續 Flyweight 模式。先列出每本書的基本元資料（metadata），如下所示：

- ID
- 標題
- 作者
- 類型
- 頁數
- 出版商 ID
- ISBN

還需要以下屬性，以追蹤哪個會員借出特定書籍、借出日期以及預計歸還日期：

- `checkoutDate`
- `checkoutMember`
- `dueReturnDate`
- `availability`

在使用 Flyweight 模式進行任何優化之前，先建立一個 `Book` 類別來代表每本書，如下所示。建構子會接受與書籍直接相關的所有屬性，以及要追蹤它所需的屬性：

```
class Book {
  constructor(
    id,
    title,
    author,
    genre,
    pageCount,
    publisherID,
    ISBN,
    checkoutDate,
    checkoutMember,
    dueReturnDate,
    availability
  ) {
    this.id = id;
    this.title = title;
    this.author = author;
    this.genre = genre;
    this.pageCount = pageCount;
    this.publisherID = publisherID;
```

```
    this.ISBN = ISBN;
    this.checkoutDate = checkoutDate;
    this.checkoutMember = checkoutMember;
    this.dueReturnDate = dueReturnDate;
    this.availability = availability;
  }

  getTitle() {
    return this.title;
  }

  getAuthor() {
    return this.author;
  }

  getISBN() {
    return this.ISBN;
  }

  // 為簡潔起見，未顯示其他 getter
  updateCheckoutStatus(
    bookID,
    newStatus,
    checkoutDate,
    checkoutMember,
    newReturnDate
  ) {
    this.id = bookID;
    this.availability = newStatus;
    this.checkoutDate = checkoutDate;
    this.checkoutMember = checkoutMember;
    this.dueReturnDate = newReturnDate;
  }

  extendCheckoutPeriod(bookID, newReturnDate) {
    this.id = bookID;
    this.dueReturnDate = newReturnDate;
  }

  isPastDue(bookID) {
    const currentDate = new Date();
    return currentDate.getTime() > Date.parse(this.dueReturnDate);
  }
}
```

一開始，這可能只適用於少量書籍。然而，隨著圖書館的擴展，具有包含每本書的多個版本和副本等更廣泛的館藏，可能就會讓管理系統執行速度減緩。使用數以千計的書籍物件可能會淹沒可用記憶體，這時就可以使用 Flyweight 模式優化系統以改善這一點。

可以先把資料分為內在和外在狀態：與圖書物件相關的資料，如 title、author 等是內在；而借閱資料，如 checkoutMember、dueReturnDate 等則是外在。實際上，這意味著每種書籍屬性的組合只需要一個 Book 物件，雖然這樣的物件仍然算多，但已比之前少許多。

以下實例是為具有特定書名／ ISBN 圖書物件的所有必需副本，建立圖書元資料組合：

```
// Flyweight 優化版本
class Book {
  constructor({ title, author, genre, pageCount, publisherID, ISBN }) {
    this.title = title;
    this.author = author;
    this.genre = genre;
    this.pageCount = pageCount;
    this.publisherID = publisherID;
    this.ISBN = ISBN;
  }
}
```

一如所見，外在狀態已被刪除，與圖書館借閱有關的一切都將移至管理器，並且由於物件資料現在已分段，所以可以使用工廠（factory）來進行實例化。

基本工廠

現在先定義一個非常基本的工廠，讓它檢查系統中是否已經建立了具有特定標題的書，如果有的話就傳回；沒有的話，會建立並儲存一本新書以便日後存取。這能確保只為每個唯一的內在資料建立一個副本：

```
// Book Factory Singleton
const existingBooks = {};

class BookFactory {
  createBook({ title, author, genre, pageCount, publisherID, ISBN }) {
    // 查找特定書籍 + 元資料組合是否已存在
    // ！！ or（砰砰）強制傳回一個布林值
    const existingBook = existingBooks[ISBN];
    if (!!existingBook) {
      return existingBook;
    } else {
      // 如果沒有，就建立一個新的書籍實例並儲存它
```

```
      const book = new Book({ title, author, genre, pageCount, publisherID,
        ISBN });
      existingBooks[ISBN] = book;
      return book;
    }
  }
}
```

管理外在狀態

接下來，需要把從 Book 物件中刪除的狀態儲存在某處；夠幸運的話，就可以使用將其定義為 Singleton 的管理器來封裝它們。Book 物件和借出它的圖書館成員組合將稱為 Book 紀錄，管理器會儲存這兩者，並會包括在 Book 類別的 Flyweight 優化期間所剝離的那些和借閱相關的邏輯：

```
// BookRecordManager Singleton
const bookRecordDatabase = {};

class BookRecordManager {
  // 在圖書館系統中添加一本新書
  addBookRecord({ id, title, author, genre, pageCount, publisherID, ISBN,
      checkoutDate, checkoutMember, dueReturnDate, availability }) {
    const bookFactory = new BookFactory();
    const book = bookFactory.createBook({ title, author, genre, pageCount,
      publisherID, ISBN });
    bookRecordDatabase[id] = {
      checkoutMember,
      checkoutDate,
      dueReturnDate,
      availability,
      book,
    };
  }

  updateCheckoutStatus({ bookID, newStatus, checkoutDate, checkoutMember,
     newReturnDate }) {
    const record = bookRecordDatabase[bookID];
    record.availability = newStatus;
    record.checkoutDate = checkoutDate;
    record.checkoutMember = checkoutMember;
    record.dueReturnDate = newReturnDate;
  }

  extendCheckoutPeriod(bookID, newReturnDate) {
```

```
    bookRecordDatabase[bookID].dueReturnDate = newReturnDate;
  }

  isPastDue(bookID) {
    const currentDate = new Date();
    return currentDate.getTime() >
        Date.parse(bookRecordDatabase[bookID].dueReturnDate);
  }
}
```

這些更改的結果是，從 Book 類別中提取的所有資料，現在都儲存在 BookManager Singleton（BookDatabase）的一個屬性中；這比之前使用的大量物件要有效率得多。和圖書借閱相關的方法現在也可基於此，因為它們是處理外在資料而不是內在資料。

這個過程確實替最終解決方案增加一點複雜性，但是，和已經解決的效能問題相比，這只是一個小問題，以資料為例，如果同一本書有 30 份副本，現在只要儲存一次。此外，每個函數都會占用記憶體。使用 Flyweight 模式，這些函數只存在於一個地方，即在管理器上，而不是在每個物件上，這樣能節省記憶體使用。對於前面提到的 Flyweight 未優化版本，只會儲存指向函數物件的連結，因為使用的是 Book 建構子的原型。儘管如此，如果以另一種方式實作，將會為每個書籍實例建立函數。

Flyweight 模式和 DOM

DOM 支援兩種允許物件偵測事件的方法，由上到下（top-down）：事件捕獲（event capture），或由下到上（bottom-up）：事件浮出（event bubbling）。

事件捕獲時，最外層元素會先捕獲該事件，並傳播到最內層的元素。事件浮出時，已捕獲事件會先傳遞給最內層的元素，然後再傳播到最外層的元素。

Gary Chisholm 以此上下文寫了一個完美比喻來描述 Flyweight，大致如下：

> 試著把 Flyweight 想像成一個池塘。魚張開嘴（事件），氣泡上升到表面（浮出），坐在頂部的蒼蠅因此飛走了（動作）。在此範例中，輕鬆就可以把張開嘴的魚轉換為點擊按鈕，氣泡轉換為浮出效果，飛走的蒼蠅轉換為正在執行的某個功能。

導入浮出是為了處理單一事件，例如 click，可能會由定義在 DOM 階層不同層級的多個事件處理程式來處理的情況。在這種情況下，事件浮出會在盡可能低的層級上執行為特定元素而定義的事件處理程式，由此開始，事件浮出到包含元素，然後再到達更高的元素。

Flyweight 可用於進一步調整事件浮出過程，正如下一節「範例：集中化事件處理」即將可見之處。

範例：集中化事件處理

以下的第一個實際範例，假設文件中有幾個相似的元素時，對它們執行使用者操作，例如點擊、游標懸停（mouse-over）時，它們會執行相似行為。

通常，在構造摺疊（accordion）元件、功能表或其他基於清單（list）的小部件時，會把 `click` 事件綁定到父容器中的每個連結元素，例如 `$('ul li a').on(…)`。無需將點擊綁定到多個元素，就可以輕鬆地把 Flyweight 附加到容器的頂部，讓它可以監聽來自下方的事件；然後可以根據需求，使用簡單或複雜邏輯以處理這些問題。

由於所提到的元件類型通常會對每個區段具有相同的重複標記（markup），例如摺疊元件的每個區段；因此被點擊的每個元素行為很可能會非常相似，並且和附近的相似類別相關。範例 7-6 將以此資訊來使用 Flyweight 構造一個基本摺疊元件。

這裡使用 `stateManager` 命名空間來封裝 Flyweight 邏輯，而 jQuery 則用來使用將一開始的點擊綁定到容器 `div`。首先應用 `unbind` 事件，以確保頁面上沒有其他邏輯把類似的控制代碼（handle）附加到容器。

要明白確定點擊的是容器中的哪個子元素，可使用 `target` 檢查，它提供對被點擊元素的參照，而不考慮其父元素為何；之後可以使用此資訊來處理 `click` 事件，而無需在頁面載入時，真的把事件綁定到特定的子元素。

範例 *7-6* 集中化事件處理

```
<div id="container">
    <div class="toggle">More Info (Address)
      <span class="info">
        This is more information
      </span>
    </div>
    <div class="toggle">Even More Info (Map)
      <span class="info">
        <iframe src="MAPS_URL"></iframe>
      </span>
```

```
    </div>
  </div>

  <script>
    (function() {
      const stateManager = {
        fly() {
          const self = this;
          $('#container')
            .off()
            .on('click', 'div.toggle', function() {
              self.handleClick(this);
            });
        },
        handleClick(elem) {
          $(elem)
            .find('span')
            .toggle('slow');
        },
      };

      // 初始化事件監聽器
      stateManager.fly();
    })();
  </script>
```

這裡的好處是把許多獨立的動作轉換為共享的動作（可能節省記憶體）。

行為型模式

行為型模式有助於定義物件之間的通訊，能有效改進或簡化系統中不同物件之間的通訊。

以下是本節將討論的 JavaScript 行為型模式：

- 第 99 頁「Observer 模式」
- 第 117 頁「Mediator 模式」
- 第 124 頁「Command 模式」

Observer 模式

Observer 模式允許您在一個物件更改時通知另一個物件，而無需該物件知道它的依賴項。關於這個模式，通常會有一個稱為主體（subject）的物件，維護一個依賴於它的客體（object）列表，即觀察者（observer）；主體會自動通知觀察者關於它狀態的任何更改。在現代框架中，Observer 模式即用來通知元件有關狀態的變化。圖 7-9 能說明這一點。

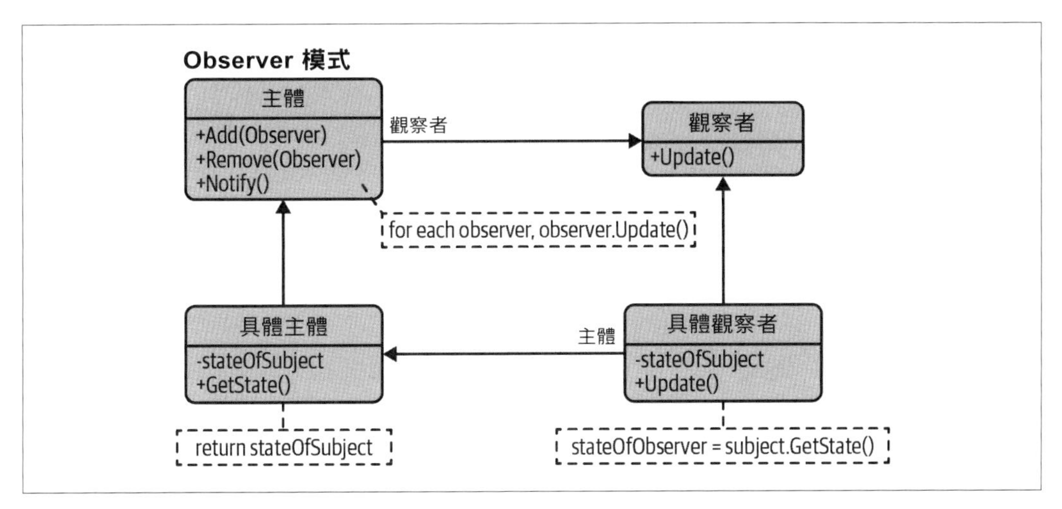

圖 7-9 Observer 模式

當主體需要通知觀察者發生一些有趣的事情時，它會以廣播方式通知，其中可以包括與主體相關的特定資料。若是觀察者不希望再收到主體更改的通知時，可以把它從觀察者列表中刪除。

回顧已出版與語言無關的設計模式定義，有助於進一步瞭解它們的用法，和隨著時間推移所帶來的優勢。根據 GoF 的書：《*Design Patterns: Elements of Reusable Object-Oriented Software*》，Observer 模式定義為：

> 一個或多個觀察者對一個主體的狀態感興趣，並透過附加於主體來記錄他們對主體的興趣。當觀察者可能感興趣的主體發生變化時，會發送通知訊息去呼叫每個觀察者的更新方法。當觀察者不再對主體的狀態感興趣時，可以簡單地解除觀察。

現在可以擴展所學內容，使用以下元件來實作 Observer 模式：

主體

維護觀察者列表，便於添加或移除觀察者。

觀察者

當主體狀態變化時，為需要通知的客體提供 update 介面。

`ConcreteSubject`

狀態變化時向觀察者廣播通知，儲存 ConcreteObserver 的狀態。

`ConcreteObserver`

儲存對 ConcreteSubject 的參照，為觀察者實作 update 介面，以確保它的狀態和主體狀態一致。

ES2015+ 允許使用用於觀察者和主體且具有 notify 和 update 方法的 JavaScript 類別，來實作 Observer 模式。

首先，使用 ObserverList 類別，來對主體可能擁有的依賴觀察者列表建模：

```
class ObserverList {
    constructor() {
        this.observerList = [];
    }

    add(obj) {
        return this.observerList.push(obj);
    }

    count() {
        return this.observerList.length;
    }

    get(index) {
        if (index > -1 && index < this.observerList.length) {
            return this.observerList[index];
        }
    }

    indexOf(obj, startIndex) {
        let i = startIndex;

        while (i < this.observerList.length) {
```

```
            if (this.observerList[i] === obj) {
                return i;
            }
            i++;
        }

        return -1;
    }

    removeAt(index) {
        this.observerList.splice(index, 1);
    }
}
```

接下來，對可以對觀察者列表中的觀察者添加、移除或通知的 `Subject` 類別建模：

```
class Subject {
  constructor() {
    this.observers = new ObserverList();
  }

  addObserver(observer) {
    this.observers.add(observer);
  }

  removeObserver(observer) {
    this.observers.removeAt(this.observers.indexOf(observer, 0));
  }

  notify(context) {
    const observerCount = this.observers.count();
    for (let i = 0; i < observerCount; i++) {
    this.observers.get(i).update(context);
    }
  }
}
```

然後定義一個框架來建立新的觀察者。稍後將使用客製化行為來覆寫此處的 `Update` 功能：

```
// 觀察者
class Observer {
    constructor() {}
    update() {
        // ...
    }
}
```

在之前使用的觀察者元件範例應用程式中，現在定義：

- 用於向頁面添加新的可觀察複選框（checkbox）按鈕。
- 以一個控制複選框為主體，通知其他複選框它們應該更新為核取（check）狀態。
- 添加了新複選框的容器。

接著定義 ConcreteSubject 和 ConcreteObserver 處理程式，以向頁面添加新的觀察者並實作更新介面，為此，使用繼承來擴展主體和觀察者類別。ConcreteSubject 類別封裝了一個複選框，並會在點擊主複選框時產生通知。ConcreteObserver 封裝了每一個受觀察的複選框，並透過改變複選框的核取值實作了 Update 介面。隨後是在這些範例的上下文中協同工作的內聯註解方式。

HTML 程式碼如下：

```
<button id="addNewObserver">Add New Observer checkbox</button>
<input id="mainCheckbox" type="checkbox"/>
<div id="observersContainer"></div>
```

範例如下：

```
// 參照 DOM 元素

// 具體主體
class ConcreteSubject extends Subject {
    constructor(element) {
      // 呼叫超類別的建構子。
      super();
      this.element = element;

      // 點擊該複選框將觸發對其觀察者的通知
      this.element.onclick = () => {
        this.notify(this.element.checked);
      };
    }
  }

  // 具體觀察者

  class ConcreteObserver extends Observer {
    constructor(element) {
      super();
      this.element = element;
    }
```

```
    // 使用客製化更新行為來覆寫
    update(value) {
      this.element.checked = value;
    }
  }

  // 參照 DOM 元素
  const addBtn = document.getElementById('addNewObserver');
  const container = document.getElementById('observersContainer');
  const controlCheckbox = new ConcreteSubject(
    document.getElementById('mainCheckbox')
  );

  const addNewObserver = () => {
    // 建立要添加的新複選框
    const check = document.createElement('input');
    check.type = 'checkbox';
    const checkObserver = new ConcreteObserver(check);

    // 為我們的主體
    // 把新的觀察者添加到觀察者列表中
    controlCheckbox.addObserver(checkObserver);

    // 將項目附加到容器
    container.appendChild(check);
  };

  addBtn.onclick = addNewObserver;
}
```

這個範例研究實作及利用 Observer 模式，涵蓋 Subject、Observer、`ConcreteSubject` 和 `ConcreteObserver` 的方式。

Observer 模式與 Publish/Subscribe 模式的區別

雖然瞭解 Observer 模式很有幫助，但 JavaScript 世界中，也經常使用一種稱為 Publish/Subscribe 模式的變體來實作。這兩種非常相似的模式，其實存在相當明顯的差異。

Observer 模式要求希望接收主題通知的觀察者或客體，必須將此興趣訂閱（subscribe）到觸發事件的物件或主體，如圖 7-10 所示。

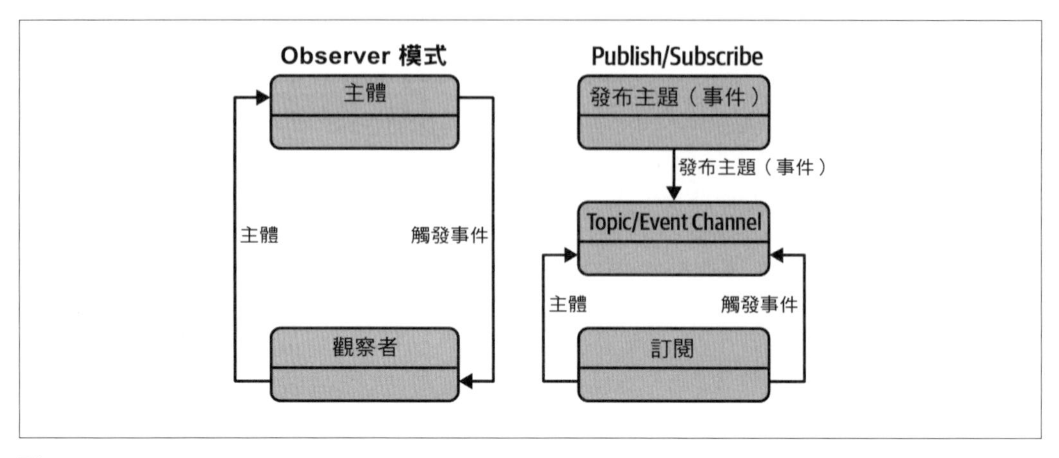

圖 7-10 Publish/Subscribe

相較之下，Publish/Subscribe 模式用於希望接收通知的物件（訂閱者），和觸發事件的物件（發布者）之間的主題／事件頻道。該事件系統允許程式碼定義特定於應用程式的事件，這些事件可以傳遞包含訂閱者所需要的值的客製化參數，用意在於避免訂閱者和發布者之間的依賴關係。

這與 Observer 模式不同，因為它允許任何訂閱者實作適當的事件處理程式，以註冊和接收發布者所廣播的主題通知。

以下的範例說明如果在幕後提供支援 `publish()`、`subscribe()` 和 `unsubscribe()` 的功能性實作時，可以使用 Publish/Subscribe 模式的方式：

```
<!-- 將此 HTML 添加到您的頁面 -->
<div class="messageSender"></div>
<div class="messagePreview"></div>
<div class="newMessageCounter"></div>
// 簡單的 Publish/Subscribe 實作
const events = (function () {
  const topics = {};
  const hOP = topics.hasOwnProperty;

  return {
    subscribe: function (topic, listener) {
      if (!hOP.call(topics, topic)) topics[topic] = [];
      const index = topics[topic].push(listener) - 1;

      return {
        remove: function () {
```

```
          delete topics[topic][index];
        },
      };
    },
    publish: function (topic, info) {
      if (!hOP.call(topics, topic)) return;
      topics[topic].forEach(function (item) {
        item(info !== undefined ? info : {});
      });
    },
  };
})();

// 一個非常簡單的新郵件處理程式
// 接收到的訊息數量計數
let mailCounter = 0;

// 初始化將監聽名稱為「inbox/newMessage」主題的訂閱者。
// 渲染新訊息的預覽
const subscriber1 = events.subscribe('inbox/newMessage', (data) => {
  // 記錄主題以除錯
  console.log('A new message was received:', data);

  // 使用從主體傳遞的資料
  // 來向使用者顯示訊息預覽
  document.querySelector('.messageSender').innerHTML = data.sender;
  document.querySelector('.messagePreview').innerHTML = data.body;
});

// 這是另一個訂閱者使用相同資料來執行不同任務。
// 更新會顯示透過發布者所收到的新訊息數量的計數器
const subscriber2 = events.subscribe('inbox/newMessage', (data) => {
  document.querySelector('.newMessageCounter').innerHTML = ++mailCounter;
});

events.publish('inbox/newMessage', {
  sender: 'hello@google.com',
  body: 'Hey there! How are you doing today?',
});

// 然後可以如下在稍後讓訂閱者取消訂閱
// 以不接收任何新主題通知：
// subscriber1.remove();
// subscriber2.remove();
```

這裡的主要概念是鼓勵鬆散耦合（loose coupling）。不是讓物件直接去呼叫其他物件的方法，而是讓它們去訂閱另一個物件的特定工作或活動，並在其發生時收到通知。

優點

Observer 和 Publish/Subscribe 模式讓人認真思索不同應用程式的部分之間的關係，有助於識別包含直接關係的那些層，而這些直接關係可以用一組主體和觀察者來替換。這可以有效地將應用程式分解為更小、耦合更鬆散的區塊，以改進程式碼管理和重用的潛力。

使用 Observer 模式的進一步動機會發生在需要保持相關物件之間的一致性，並且不讓類別成為緊密耦合的情況下。例如，當一個物件需要通知其他物件，而不對這些物件做出假設時。

使用其中任一模式時，觀察者和主體之間都可能存在著動態關係。這提供了極佳的靈活性；不過，當應用程式的不同部分緊密耦合時，可能不容易實作。

雖然這並不總是能夠解決所有問題的最佳方法，但這些模式仍然是設計來解耦系統的最佳工具之一，並且任何 JavaScript 開發人員都應該將之視為實用工具中的必備工具。

缺點

因此，這些模式的一些問題實際上源於它們的主要優點。在 Publish/Subscribe 中，透過將發布者與訂閱者解耦，有時很難保證應用程式的特定部分會按預期方式執行。

例如，在發布者的假設中，會有一個或多個訂閱者正在收聽他們的內容。若是以此為假設，來記錄或輸出有關某些應用程式程序的錯誤；一旦執行日誌記錄的訂閱者崩潰，或由於某種原因無法執行的話，由於系統的解耦性質，發布者將無從知道這一點。

該模式的另一個缺點是，訂閱者完全不知道彼此的存在，並且對切換發布者的成本視而不見。由於訂閱者和發布者之間的動態關係，可能很難追蹤更新的依賴性。

Publish/Subscribe 實作

Publish/Subscribe 非常適合 JavaScript 生態系統，主要是因為 ECMAScript 實作的核心是由事件驅動的，在瀏覽器環境中尤其如此，因為 DOM 會使用事件作為其主要的腳本互動 API。

也就是說，ECMAScript 和 DOM 都沒有提供用於在實作程式碼中建立客製化事件系統的核心物件或方法，也許 DOM3 `CustomEvent` 除外，它綁定到 DOM，因此並不普遍適用。

Publish/Subscribe 實作範例

為了更加瞭解 Observer 模式的一般性 JavaScript 實作具有多少可能有效性，以下來看看我在 GitHub 上一個名為「pubsubz」[17] 專案下所發布的極簡版本 Publish/Subscribe，它能說明訂閱和發布的核心概念，以及取消訂閱（unsubscribe）的理念。

我選擇把範例根基於此程式碼，因為它和我希望在經典 Observer 模式的 JavaScript 版本中所看到的方法簽名及實作方法密切相關：

```
class PubSub {
    constructor() {
        // 可以廣播或監聽的主題儲存區
        this.topics = {};

        // 主題識別符
        this.subUid = -1;
    }

    publish(topic, args) {
        if (!this.topics[topic]) {
            return false;
        }

        const subscribers = this.topics[topic];
        let len = subscribers ? subscribers.length : 0;

        while (len--) {
            subscribers[len].func(topic, args);
        }
```

17 *https: //oreil.ly/yPPfE*

```
        return this;
    }

    subscribe(topic, func) {
        if (!this.topics[topic]) {
            this.topics[topic] = [];
        }

        const token = (++this.subUid).toString();
        this.topics[topic].push({
            token,
            func,
        });
        return token;
    }

    unsubscribe(token) {
        for (const m in this.topics) {
            if (this.topics[m]) {
                for (let i = 0, j = this.topics[m].length; i < j; i++) {
                    if (this.topics[m][i].token === token) {
                        this.topics[m].splice(i, 1);

                        return token;
                    }
                }
            }
        }
        return this;
    }
}

const pubsub = new PubSub();

pubsub.publish('/addFavorite', ['test']);
pubsub.subscribe('/addFavorite', (topic, args) => {
    console.log('test', topic, args);
});
```

這裡定義了一個基本的 PubSub 類別，包含：

- 訂閱者的主題列表。
- Subscribe 方法使用發布主題時所呼叫的函數和唯一符記（token），以建立主題的新訂閱者。

- Unsubscribe 方法會根據傳遞的 token 值，從列表中刪除訂閱者。Publish 方法透過呼叫 registered 函數，將給定主題的內容發布給所有訂閱者。

使用實作

現在可以使用該實作來發布和訂閱感興趣的事件，如範例 7-7 所示。

範例 *7-7* 使用我們的實作

```
// 另一個簡單的訊息處理程式

// 一個簡單的訊息紀錄器，記錄透過訂閱者接收到的任何主題和資料
const messageLogger = (topics, data) => {
    console.log(`Logging: ${topics}: ${data}`);
};

// 一旦廣播與該主題相關的新通知時
// 訂閱者監聽他們的訂閱主題並
// 呼叫回呼函數（例如，messageLogger）
const subscription = pubsub.subscribe('inbox/newMessage', messageLogger);

// 發布者負責發布應用程式感興趣的主題或通知。例如。：

pubsub.publish('inbox/newMessage', 'hello world!');

// 或
pubsub.publish('inbox/newMessage', ['test', 'a', 'b', 'c']);

// 或
pubsub.publish('inbox/newMessage', {
    sender: 'hello@google.com',
    body: 'Hey again!',
});

// 如果希望不要再通知訂閱者，也可以取消訂閱
pubsub.unsubscribe(subscription);

// 一旦取消訂閱，也不會導致 messageLogger 強迫執行，因為訂閱者不再監聽
pubsub.publish('inbox/newMessage', 'Hello! are you still there?');
```

使用者介面通知

接下來，假設有一個 web 應用程式負責顯示即時股票資訊。

該應用程式可能有一個顯示股票統計資料的網格，和一個指出最後更新點的計數器；當資料模型改變時，應用程式必須更新網格和計數器，在這種情況下，發布主題／通知的主體是資料模型，訂閱者則是網格和計數器。

當訂閱者收到模型已更改的通知時，就可以相對應地自我更新。

在此實作中，訂閱者會監聽主題 `newDataAvailable`，以瞭解是否有新的股票資訊可以使用。如果有一個新的通知發布到這個主題，它會觸發 `gridUpdate` 來向網格添加一個包含這個資訊的新列，並更新**最後更新**的計數器，來記錄上次添加資料的時間（範例 7-8）。

範例 7-8 UI 通知

```
// 傳回目前的本地時間，稍後會在 UI 中使用
getCurrentTime = () => {
    const date = new Date();
    const m = date.getMonth() + 1;
    const d = date.getDate();
    const y = date.getFullYear();
    const t = date.toLocaleTimeString().toLowerCase();

    return `${m}/${d}/${y} ${t}`;
  };

  // 向虛構的網格元件添加一列新資料
  const addGridRow = data => {
    // ui.grid.addRow( data );
    console.log(`updated grid component with:${data}`);
  };

  // 更新虛構的網格以顯示最後更新時間
  const updateCounter = data => {
    // ui.grid.updateLastChanged( getCurrentTime() );
    console.log(`data last updated at: ${getCurrentTime()} with ${data}`);
  };

  // 使用傳遞給訂閱者的資料來更新網格
  const gridUpdate = (topic, data) => {
    if (data !== undefined) {
      addGridRow(data);
```

```
      updateCounter(data);
    }
  };


// 建立對 newDataAvailable 主題的訂閱
const subscriber = pubsub.subscribe('newDataAvailable', gridUpdate);

// 以下表示對資料層的更新。
// 這可以由 ajax 請求提供支援，
// 該請求會對應用程序的其餘部分廣播新資料已可用。

// 將更改發布到用來表達新條目的 gridUpdated 主題
pubsub.publish('newDataAvailable', {
  summary: 'Apple made $5 billion',
  identifier: 'APPL',
  stockPrice: 570.91,
});

pubsub.publish('newDataAvailable', {
  summary: 'Microsoft made $20 million',
  identifier: 'MSFT',
  stockPrice: 30.85,
});
```

使用 Ben Alman 的 Pub/Sub 實作解耦應用程式

下面的電影評等範例將使用 Ben Alman 的 Publish/Subscribe jQuery 實作 [18]，來示範解耦 UI 的方法。請注意，提交評級僅會發布新使用者和評分資料為可用的事實。

這些主題的訂閱者授權這些資料所發生的事情。在此範例，是將新資料推送到現有陣列中，然後使用 Lodash 程式庫用於建立模版的 `.template()` 方法來渲染它們。

範例 7-9 包含了 HTML ／模版程式碼。

範例 7-9 Pub/Sub 的 HTML ／模版程式碼

```
<script id="userTemplate" type="text/html">
   <li><%- name %></li>
</script>
```

18 *https://oreil.ly/w9ECl*

```
<script id="ratingsTemplate" type="text/html">
   <li><strong><%- title %></strong> was rated <%- rating %>/5</li>
</script>


<div id="container">

   <div class="sampleForm">
       <p>
           <label for="twitter_handle">Twitter handle:</label>
           <input type="text" id="twitter_handle" />
       </p>
       <p>
           <label for="movie_seen">Name a movie you've seen this year:</label>
           <input type="text" id="movie_seen" />
       </p>
       <p>

           <label for="movie_rating">Rate the movie you saw:</label>
           <select id="movie_rating">
                 <option value="1">1</option>
                  <option value="2">2</option>
                  <option value="3">3</option>
                  <option value="4">4</option>
                  <option value="5" selected>5</option>

          </select>
        </p>
        <p>

            <button id="add">Submit rating</button>
        </p>
    </div>



    <div class="summaryTable">
        <div id="users"><h3>Recent users</h3></div>
        <div id="ratings"><h3>Recent movies rated</h3></div>
    </div>

 </div>
```

JavaScript 程式碼在範例 7-10 中。

範例 *7-10 Pub/Sub* 的 *JavaScript* 程式碼

```
;($ => {
  // 預編譯模版並使用閉包來「快取」它們
  const userTemplate = _.template($('#userTemplate').html());

  const ratingsTemplate = _.template($('#ratingsTemplate').html());

  // 訂閱新使用者主題，它會將使用者添加到已提交評論的使用者列表中
  $.subscribe('/new/user', (e, data) => {
    if (data) {
      $('#users').append(userTemplate(data));
    }
  });

  // 訂閱新的評等主題。這由標題和評等組成。
  // 新評等附加到添加的使用者評級的持續更新列表中。
  $.subscribe('/new/rating', (e, data) => {
    if (data) {
      $('#ratings').append(ratingsTemplate(data));
    }
  });

  // 用於添加新使用者的處理程式
  $('#add').on('click', e => {
    e.preventDefault();

    const strUser = $('#twitter_handle').val();
    const strMovie = $('#movie_seen').val();
    const strRating = $('#movie_rating').val();

    // 通知應用程式有新使用者可用
    $.publish('/new/user', {
      name: strUser,
    });

    // 通知應用程序有新評等可用
    $.publish('/new/rating', {
      title: strMovie,
      rating: strRating,
    });
  });
})(jQuery);
```

基於 Ajax 的解耦 jQuery 應用程式

最後一個範例將能實際瞭解為何在開發過程的早期就使用 Pub/Sub 來解耦程式碼，可以在日後省下一些進行重構時所潛在的痛苦。

通常在大量使用 Ajax 的應用程式中，會希望在收到請求回應後，達成不只一個獨特的動作。雖然可以把所有請求後（post-request）邏輯添加到成功回呼中，但這種方法有其缺點。

由於增加了函數間／程式碼依賴性，高度耦合的應用程式有時會增加重用功能所需的工作量。如果只嘗試獲取一次結果集合，那將請求後邏輯硬編碼在回呼中可能沒問題；但是，若是想要對同一資料來源和不同的最終行為再進一步的 Ajax 呼叫，而又不想多次重寫部分程式碼時，它就不那麼合適了。若是一開始就使用 Pub/Sub 就能節省時間，而不用返回呼叫相同資料來源的每一層，並在之後泛化它們。

使用觀察者，還可以輕鬆地把應用程式範圍內關於不同事件的通知，分離到讓人感到滿意的任何粒度級別，這在使用其他模式時，可能無法優雅地完成這一點。

請注意接下來的範例，當使用者指出他想要搜索查詢時，會發出一個主題通知；請求傳回，並且實際資料可供使用時也會發出主題通知，再由訂閱者來決定要如何使用這些相關事件或傳回資料的知識。這樣做的好處是，願意的話，就可以有 10 個不同的訂閱者去使用以不同方式傳回的資料，但就 Ajax 層而言，這不是它的重點，它的唯一職責是請求和傳回資料，然後把它傳遞給任何想要使用它的人，這種關注點分離可以使程式碼的整體設計更簡潔一些。

HTML ／模版程式碼如範例 7-11 所示。

範例 *7-11 Ajax* 的 *HTML* ／模版程式碼

```
<form id="flickrSearch">

   <input type="text" name="tag" id="query"/>

   <input type="submit" name="submit" value="submit"/>

</form>



<div id="lastQuery"></div>
```

```
<ol id="searchResults"></ol>



<script id="resultTemplate" type="text/html">
    <% _.each(items, function( item ){ %>
        <li><img src="<%= item.media.m %>"/></li>
    <% });%>
</script>
```

範例 7-12 顯示了 JavaScript 程式碼。

範例 *7-12 Ajax* 的 *JavaScript* 程式碼

```
($ => {
    // 預編譯模版並使用閉包來「快取」它
    const resultTemplate = _.template($('#resultTemplate').html());

    // 訂閱新的搜索標記主題
    $.subscribe('/search/tags', (e, tags) => {
      $('#lastQuery').html(`Searched for: ${tags}`);
    });

    // 訂閱新的結果主題
    $.subscribe('/search/resultSet', (e, results) => {
      $('#searchResults')
        .empty()
        .append(resultTemplate(results));
    });

    // 提交搜索查詢並在 /search/tags 主題上發布標記
    $('#flickrSearch').submit(function(e) {
      e.preventDefault();
      const tags = $(this)
        .find('#query')
        .val();

      if (!tags) {
        return;
      }

      $.publish('/search/tags', [$.trim(tags)]);
    });

    // 訂閱正在發布的新標記，並使用它們執行搜索查詢。
```

```
    // 資料傳回後，發布此資料以供應用程序的其餘部分使用。
    // 使用解構指派語法，可以將資料結構中的值解開到不同的變數中。

    $.subscribe('/search/tags', (e, tags) => {
      $.getJSON(
        'http://api.flickr.com/services/feeds/photos_public.gne?jsoncallback=?',
        {
          tags,
          tagmode: 'any',
          format: 'json',
        },
        // 作為函數參數的解構指派
        ({ items }) => {
          if (!items.length) {
            return;
          }
          // 物件建立中的速記屬性名稱，
          // 如果變數名稱等於物件鍵
          $.publish('/search/resultSet', { items });
        }
      );
    });
  })(jQuery);
```

React 生態系統中的 Observer 模式

使用 Observer 模式的流行程式庫是 RxJS。根據 RxJS 的說明文件[19]：

> ReactiveX 將 Observer 模式與迭代器模式以及函數式程式設計與集合相結合，以滿足對管理事件序列的理想方式需求。

使用 RxJS，可以建立觀察者並訂閱某些事件！以下是說明文件中的範例，該範例記錄了使用者是否在文件中拖動（dragging）：

```
import ReactDOM from "react-dom";
import { fromEvent, merge } from "rxjs";
import { sample, mapTo } from "rxjs/operators";

import "./styles.css";

merge(
```

19 *https://oreil.ly/JH3lY*

```
    fromEvent(document, "mousedown").pipe(mapTo(false)),
    fromEvent(document, "mousemove").pipe(mapTo(true))
  )
    .pipe(sample(fromEvent(document, "mouseup")))
    .subscribe(isDragging => {
      console.log("Were you dragging?", isDragging);
    });

  ReactDOM.render(
    <div className="App">Click or drag anywhere and check the console!</div>,
    document.getElementById("root")
  );
```

Observer 模式有助於應用程式設計中幾個不同場景的解耦。如果您還沒有使用過它，我建議您選擇這裡提到的一種預先編寫實作並試一試，它是最容易上手的設計模式之一，但也是最強大的設計模式之一。

Mediator 模式

Mediator 模式是一種允許一個物件在事件發生時，通知另一組物件的設計模式。Mediator 和 Observer 模式之間的區別在於，Mediator 模式允許一個物件收到在其他物件中所發生的事件通知；與之相對，Observer 模式允許一個物件訂閱發生在其他物件中的多個事件。

關於 Observer 模式的小節曾討論一種透過單一物件來引流多個事件來源的方法，可稱為 Publish/Subscribe 或事件聚合者（Event Aggregation）。開發人員在遇到此問題時，通常會想到調解者（mediator），因此，以下就來探討一下它們的不同之處。

字典將調解者稱為協助談判和解決衝突的中立方；[20] 在我們的世界中，調解者是一種行為型設計模式，它允許我們公開一個統一的介面，讓系統的不同部分可以透過該介面相互溝通。

如果一個系統似乎在元件之間有太多直接關係，可能就需要擁有一個元件，以成為溝通的中央控制點。調解者透過確保去集中管理元件之間的互動，而不是讓元件外顯式地相互參照來促進鬆散耦合，這有助於將系統解耦，並提高元件可重用性的潛力。

20 維基百科：*https://oreil.ly/OUcDc*；Dictionary.com：*https://oreil.ly/uM9-f*。

若以現實世界來類比，可以是典型的機場交通控制系統。塔台就是調解者，它負責處理飛機起飛和降落事宜，因為所有通訊，不管是正在收聽還是廣播通知，都是飛機和控制台之間的事，而不是飛機和飛機之間的溝通。集中化控制者是該系統成功的關鍵，這就是調解者在軟體設計中扮演的角色（圖 7-11）。

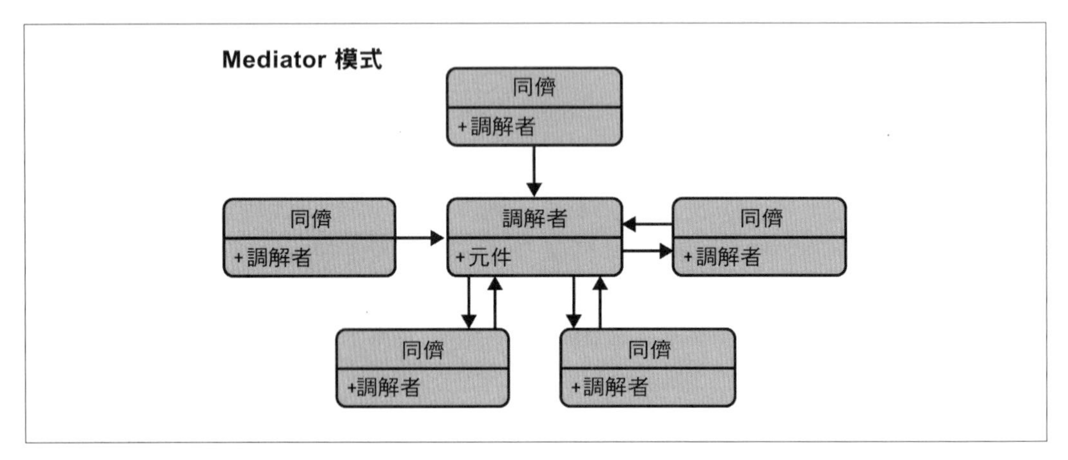

圖 7-11 Mediator 模式

另一個類比是 DOM 的事件浮出和事件委託。如果系統中的所有訂閱都是針對文件而不是個別節點進行的，則該文件實際上充當了調解者；更高階的物件不會綁定到各個節點的事件，而是負責將互動事件通知訂閱者。

談論 Mediator 和 Event Aggregator 模式時，由於實作上的相似性，有時這些模式看似可以互換使用；然而，這些模式的語意和意圖其實非常不同。

即使這些實作都使用一些相同的核心結構，它們之間還是有明顯的區別；也因為這些差異，不應該在溝通時互換或混淆彼此。

簡單 Mediator

Mediator 是協調多個物件之間的互動（邏輯和行為）的物件，它會根據其他物件的動作／不動作和輸入，來決定何時要呼叫哪些物件。

您可以使用一行程式碼來編寫 Mediator：

```
const mediator = {};
```

當然，這只是 JavaScript 中的一個物件文字。再重申一次，這裡談論的是語意，Mediator 的目的是控制物件之間的工作流，只需要一個物件文字真的就可以做到這一點。

以下範例顯示了 mediator 物件的基本實作，其中包含一些可以觸發和訂閱事件的實用方法。這裡的 orgChart 物件是一個調解者，它會指派在特定事件發生時要採取的操作。此處，在完成新員工的詳細資訊後會將經理指派給員工，並儲存員工紀錄：

```
const orgChart = {
    addNewEmployee() {
        // getEmployeeDetail 提供使用者要互動的視圖
        const employeeDetail = this.getEmployeeDetail();

        // 當員工詳細資訊完成後，調解者（「orgchart」物件）
        // 會決定接下來應該發生什麼事
        employeeDetail.on('complete', employee => {
            // 設定具有附加事件的附加物件，
            // 調解者使用這些事件來執行附加操作
            const managerSelector = this.selectManager(employee);
            managerSelector.on('save', employee => {
                employee.save();
            });
        });
    },

    // ...
};
```

過去我經常把這種類型的物件稱為「工作流」（workflow）物件，但事實是它是一個調解者。它是一個處理許多其他物件之間工作流的物件，將工作流知識的責任聚合到一個物件中，結果得到一個更容易理解和維護的工作流。

共同點和相異處

毫無疑問，我在此處展示的事件聚合者（event aggregator）和調解者範例之間存在相似之處。相似之處歸結為兩個主要項目：事件和第三方物件。不過，這些差異充其量只是表面，深入研究模式的意圖並發現實作上可能會有很大的不同時，模式的本質就會更加明顯。

事件

事件聚合者和調解者都在所示的範例中使用了事件。事件聚合者顯然是處理事件的，畢竟這是它的名字；而調解者僅使用事件，因為它讓我們在處理現代 JavaScript web 應用程式框架時的生活較為輕鬆。不會有人說，要用事件來建構調解者，您可以透過將調解者參照傳遞給子物件，或使用其他幾種方式來建構具有回呼方法的調解者。

所以，區別就在為什麼這兩種模式都使用了事件。作為一種模式，事件聚合者是設計來處理事件；但是，調解者使用它們只是因為這樣很方便。

第三方物件

按照設計，事件聚合者和調解者會使用第三方物件來簡化互動。事件聚合者本身是事件發布者和事件訂閱者的第三方，它充當事件傳遞的中心樞紐。不過，調解者也是其他物件的第三方，所以，它們的區別在哪裡呢？為什麼不稱事件聚合者為調解者呢？答案主要取決於應用程式邏輯和工作流程式碼的位置。

以事件聚合者為例，第三方物件僅用來促進事件從未知數量的來源傳遞到未知數量的處理程式。所有需要啟動的工作流和業務邏輯，都直接放入觸發事件的物件和處理事件的物件中。

但在調解者的情況下，業務邏輯和工作流會聚合到調解者本身。調解者會根據它所知道的因素，來決定何時要呼叫物件的方法以及更新它的屬性。它封裝了工作流和流程，並協調多個物件以產生所需的系統行為，此工作流中所涉及的各個物件知道如何執行它們的任務，但是調解者會在比個別物件更高的層級上做出決策，以告訴物件執行任務的時機。

事件聚合者促進了「射後不理」（fire and forget）的通訊模型。觸發事件的物件不關心是否有訂閱者，它只是觸發並繼續前進。調解者可能會使用事件來做出決定，但絕對不是「射後不理」，調解者關注一組已知的輸入或活動，以便它可以促進和協調具有一組已知參與者（物件）的其他行為。

關係：兩者使用時機

出於語意原因，理解事件聚合者和調解者之間的異同相當重要，知道何時使用哪種模式也同樣關鍵。模式的基本語意和意圖告知時機問題，但使用模式的經驗，將幫助您理解更微妙的要點，和必須做出的細微決定。

使用事件聚合者

一般來說，若有太多物件無法直接監聽或具有完全不相關的物件時，就可使用事件聚合者。

當兩個物件已經有直接關係時，例如一個父視圖和一個子視圖，使用事件聚合者也是個不錯的主意，讓子視圖觸發事件，父視圖可以處理該事件。在 JavaScript 框架術語中，這在 Backbone 的 Collection 和 Model 中最為常見，其中所有 Model 事件都浮出到並穿過其父級 Collection。Collection 通常使用模型事件來修改本身或其他模型的狀態，處理集合中的「選定」項目就是一個很好的例子。

把 jQuery 的 `on()` 方法視為事件聚合者，是有太多物件而無法監聽的很好例子。如果您有 10、20 或 200 個 DOM 元素可以觸發「點擊」事件，單獨為這些元素都設定一個監聽器可能不是一個好主意，因為這樣或許會迅速降低應用程式的效能和使用者體驗。相反的，使用 jQuery 的 `on()` 方法可以聚合所有事件，並把 10、20 或 200 個事件處理程序的額外開銷減少到 1 個。

間接關係也是使用事件聚合者的好時機。在現代應用程式中，普遍存在著需要通訊但沒有直接關係的多個視圖物件，例如，功能表系統可能有一個視圖來處理功能表項目的點擊，但沒有人會希望將功能表直接綁定到內容視圖，因為點擊功能表項目時顯示所有詳細內容和資訊，也就是將內容和功能表耦合在一起，會讓程式碼難以長期維護。因此，也可以使用事件聚合者來觸發 `menu:click:foo` 事件，並讓「foo」物件處理 `click` 事件，以在螢幕上顯示其內容。

使用調解者

當兩個或多個物件具有間接工作關係，而且業務邏輯或工作流需要指示這些物件的互動和協調時，則適合使用調解者。精靈（wizard）介面就是一個很好的例子，如 `orgChart` 範例所示，多個視圖促進精靈的整個工作流程，與其讓它們直接相互參照而把視圖緊密耦合在一起，我們還可以解耦它們，並以導入調解者的方式，來進一步明確地對它們之間的工作流建模。

調解者從實作細節中提取工作流，並在更高層次上建立更自然的抽象化，讓人可以更快速地一目了然地瞭解該工作流；而不再需要去深入研究工作流中每個視圖的細節後，才能瞭解工作流。

一起使用事件聚合者（Pub/Sub）和調解者

要說明事件聚合者和調解者之間最主要的差異，以及這些模式名稱不應互換的原因，最好的方式就是兩者一起使用；事件聚合者的功能表範例最能介紹調解者。

點擊功能表項目可能會觸發整個應用程式中的一系列更改，其中一些會獨立於其他更改，這時就該使用事件聚合者；同時，也有一些更改可能會與內部相關，使用調解者來執行就會比較適合。

也可以設定一個調解者來監聽事件聚合者，讓它執行其邏輯和流程，以促進和協調許多彼此相關，但又與原始事件來源無關的物件：

```
const MenuItem = MyFrameworkView.extend({
    events: {
        'click .thatThing': 'clickedIt',
    },

    clickedIt(e) {
        e.preventDefault();

        // 假設這會觸發「menu:click:foo」
        MyFramework.trigger(`menu:click:${this.model.get('name')}`);
    },
});

// ... 應用程式的某個其他地方

class MyWorkflow {
    constructor() {
        MyFramework.on('menu:click:foo', this.doStuff, this);
    }

    static doStuff() {
        // 在此實例化多個物件。
        // 為那些物件設置事件處理程式
        // 將所有物件協調成有意義的工作流程。
    }
}
```

在此範例中，當點擊具有正確模型的 MenuItem 時，將觸發 menu:click:foo 事件。MyWorkflow 類別的實例將處理此特定事件，並協調它所知道的所有物件，以建立所需的使用者體驗和工作流。

因此，結合事件聚合者和調解者，就能在程式碼和應用程式中建立有意義的體驗。現在，透過事件聚合者能將功能表和工作流完全分開，而透過調解者則能保持工作流的清潔和可維護性。

現代 JavaScript 中的調解者／中介軟體

Express.js[21] 是一種流行的 web 應用程式伺服器框架，可以向使用者可以存取的某些路由（route）添加回呼。

假設想在使用者點擊根目錄 (/) 時將標頭添加到請求中，可以在中介軟體回呼中添加此標頭：

```
const app = require("express")();

app.use("/", (req, res, next) => {
  req.headers["test-header"] = 1234;
  next();
});
```

`next ()` 方法呼叫請求—回應循環中的下一個回呼。這裡將建立一個位於請求和回應之間的中介軟體功能鏈；反之亦然，可以透過一個或多個中介軟體函數，來追蹤和修改請求物件一路到回應為止。

只要使用者點擊根端點 (/)，就會呼叫中介軟體回呼：

```
const app = require("express")();
const html = require("./data");

  app.use(
    "/",
    (req, res, next) => {
      req.headers["test-header"] = 1234;
      next();
    },
    (req, res, next) => {
      console.log(`Request has test header: ${!!req.headers["test-header"]}`);
      next();
    }
  );
```

21 *https://oreil.ly/JFzNB*

```
app.get("/", (req, res) => {
  res.set("Content-Type", "text/html");
  res.send(Buffer.from(html));
});

app.listen(8080, function() {
  console.log("Server is running on 8080");
});
```

Mediator 對比 Facade

這裡將很快介紹 Facade 模式，出於參考目的，一些開發人員可能會想知道 Mediator 模式和 Facade 模式之間是否有相似之處。雖然它們都抽象化現有模組的功能，但還是有一些細微差別。

Mediator 集中化模組之間的通訊，而這些模組外顯式地參照它，從某種意義上說這是多向的。然而，Facade 為模組或系統定義了一個更直接的介面，但不添加任何附加功能。系統中的其他模組無法直接得知門面（facade）概念，因此認為是單向的。

Command 模式

Command 模式旨在把方法呼叫、請求或運算封裝到單一物件中，並允許參數化和傳遞那些可以自行決定要執行的方法呼叫。此外，它能夠把呼叫運算的物件與實作它們的物件分離，從而夠更靈活地交換出具體**類別**（物件）。

具體（*concrete*）類別最好用基於類別的程式設計語言來解釋，並且與抽象類別的概念相關。**抽象**（*abstract*）類別定義了一個介面，但不一定會為它的所有成員函數提供實作。它充當了會衍生其他類別的基底類別，實作缺失功能的衍生類別稱為**具體**類別（見圖 7-12），可以使用適用於 JavaScript 類別的 `extends` 關鍵字在 JavaScript (ES2015+) 中實作基底類別和具體類別。

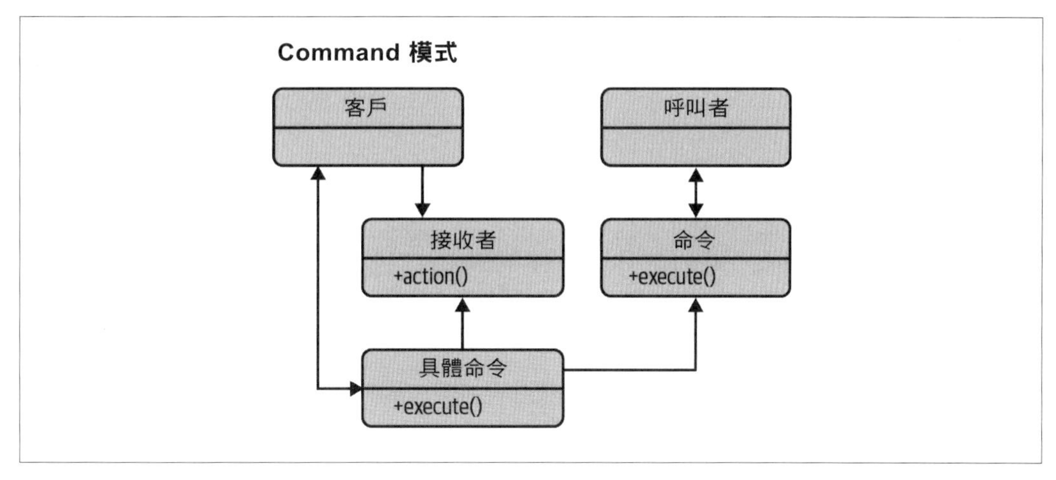

圖 7-12 Command 模式

Command 模式的基本概念為，提供一種方法，分開發出命令的責任和執行命令的一切事務，並把此責任委託給不同物件。

在實作方面，簡單的命令物件綁定了某個動作和希望呼叫該動作的物件，並且一定包含執行運算，例如 `run()` 或 `execute()`。所有具有相同介面的命令物件都可以根據需要而輕鬆交換，這是該模式的最大好處之一。

為了示範 Command 模式，以下將建立一個簡單的汽車銷售服務：

```
const CarManager = {
        // 請求資訊
        requestInfo(model, id) {
            return `The information for ${model} with ID ${id} is foobar`;
        },

        // 購買汽車
        buyVehicle(model, id) {
            return `You have successfully purchased Item ${id}, a ${model}`;
        },

        // 安排賞車
        arrangeViewing(model, id) {
            return `You have booked a viewing of ${model} ( ${id} ) `;
        },
    };
```

CarManager 物件是命令物件，負責發出請求有關汽車的資訊、購買汽車和安排賞車的命令。透過直接存取物件來呼叫 CarManager 方法十分簡單。雖然可以大膽假設這不會發生任何問題，因為就技術上而言，它是完全有效的 JavaScript；然而，在某些情況下仍然可能會一些造成問題。

例如，假設 CarManager 背後的核心 API 發生了變化，就需要修改應用程式中直接存取這些方法的所有物件。這是一種耦合方式，它實際上與物件導向程式設計方法盡可能鬆散耦合的思維相違背。此外，也可以透過進一步抽象化 API 來解決這個問題。

擴展 CarManager 後，讓 Command 模式應用程式能夠產生以下結果：接受可以在 CarManager 物件上執行的任何命名方法，並傳遞可能使用的任何資料，例如汽車型號和 ID。

以下是期望目標：

```
CarManager.execute('buyVehicle', 'Ford Escort', '453543');
```

根據這個結構，現在應該為 carManager.execute 方法添加一個定義，如下所示：

```
carManager.execute = function(name) {
    return (
        carManager[name] &&
        carManager[name].apply(carManager, [].slice.call(arguments, 1))
    );
};
```

因此，最終的範例呼叫為：

```
carManager.execute('arrangeViewing', 'Ferrari', '14523');
carManager.execute('requestInfo', 'Ford Mondeo', '54323');
carManager.execute('requestInfo', 'Ford Escort', '34232');
carManager.execute('buyVehicle', 'Ford Escort', '34232');
```

總結

至此，針對設計類別、物件和模組時可以使用的傳統設計模式討論已結束。本章試圖完美結合建立型、結構型和行為型模式，也研究為經典 OOP 語言，如 Java 和 C++ 所建立的模式，並把它們改編為 JavaScript。

這些模式對商業模型的特定領域物件，例如購物車、車輛或書籍的應用程式設計很有幫助；下一章將著眼於如何建構應用程式的更宏大願景，以便將該模型交付給其他應用程式層，例如視圖或展示器。

第 8 章

JavaScript MV* 模式

物件設計和應用程式架構是應用程式設計的兩個主要層面，上一章已經介紹和前者相關的模式，本章則將檢視三種基本架構模式：MVC（Model-View-Controller）、MVP（Model-View-Presenter）和 MVVM（Model-View-ViewModel），這些模式在過去大量用於建構桌面和伺服器端應用程式，現在也適用於 JavaScript。

由於目前使用這些模式的大多數 JavaScript 開發人員，選擇利用各種程式庫或框架來實作類似 MVC/ MV* 結構，因此在解釋 MVC 時，我們將比較這些解決方案和採用這些模式的經典解決方案有何不同。

您可以在大多數以 MVC ／ MVVM 的現代基於瀏覽器的 UI 設計框架中輕鬆地區分 Model 層和 View 層。但是，它們的第三個元件名稱和功能不盡相同，因此，MV* 中的「*」，代表第三個元件在不同框架中所採用的任何形式。

MVC

MVC 是一種架構型設計模式，它鼓勵藉由關注點分離（separation of concern）來改進應用程式組織。它會強制隔離業務資料（Model）與 UI（View），並使用在傳統上用來管理邏輯和使用者輸入的第三個元件（Controller）。一開始，Trygve Reenskaug[1] 是在開

1 *https://oreil.ly/N9Dt5*

發 Smalltalk-80[2]（1979）時設計這個模式，並稱之為 Model-View-Controller-Editor。1995 年，「GoF」書《*Design Patterns: Elements of Reusable Object-Oriented Software*》對 MVC 有深入描述，讓它的使用更普及化。

Smalltalk-80 MVC

MVC 模式自誕生以來已經發生很多變化，是時候重新理解它想解決問題的目標。1970 年代時，圖形化使用者介面很少見，比較有名的是分離表達（Separated Presentation）[3] 概念，因為它能夠區分模擬現實世界中想法的領域物件，例如照片或人，和用來呈現給使用者螢幕的展示物件。

MVC 的 Smalltalk-80 實作將這個概念更進一步，目標是區分應用程式邏輯和 UI，想法是把應用程式的這些部分解耦，也讓應用程式中的其他介面可以重用模型。關於 Smalltalk-80 的 MVC 架構，有一些有趣之處值得注意：

- Model 代表特定領域的資料，並且不瞭解使用者介面（View 和 Controller）。當一個 Model 改變時，它會通知它的觀察者。
- View 代表一個 Model 的目前狀態。更新或修改 Model 時，Observer 模式會通知 View。
- View 負責呈現，但 View 和 Controller 不只一個，螢幕上顯示的每個部分或元素都需要一組 View-Controller 配對。
- Controller 在這配對中的角色是處理使用者互動，例如按鍵和點擊等操作等，並為 View 做出決定。

Observer 模式現在通常實作為 Publish/Subscribe 的變體，當開發人員瞭解到它在幾十年前是 MVC 架構的一部分時，實在令人有些驚訝。在 Smalltalk-80 的 MVC 中，View 會觀察 Model，正如上述的條列式重點，只要 Model 發生變化，View 就會做出反應。一個簡單的例子是股票市場資料所支援的應用程式，為了讓應用程式更有用，對 Model 中資料的任何更改都應導致 View 立即刷新。

2 *https://oreil.ly/6gft1*

3 *https://oreil.ly/yTX-F*

多年來，Martin Fowler[4] 所撰寫，關於 MVC 起源的文章非常出色，如果您對 Smalltalk-80 的歷史感興趣，我建議您閱讀他的著作。

讓 JavaScript 開發人員使用的 MVC

回顧 1970 年代後，請回到此刻。現在，MVC 模式已用於各種程式設計語言和應用程式類型，其中也包括和我們最相關的 JavaScript。JavaScript 現在有幾個框架已聲稱支援 MVC 或它的變體 MV* 系列，允許開發人員輕易向應用程式添加結構。

這些框架包括 Backbone、Ember.js 和 AngularJS；近來，React、Angular 和 Vue.js 生態系統也已用於實作 MV* 系列模式的變體。為了避免「義大利麵」（spaghetti）程式碼，也就是那些由於缺乏結構而難以閱讀或維護的程式碼，現代 JavaScript 開發人員必須理解這種模式所提供的內容，才能夠有效率地意識到這些框架能夠做的各種不同事情（圖 8-1）。

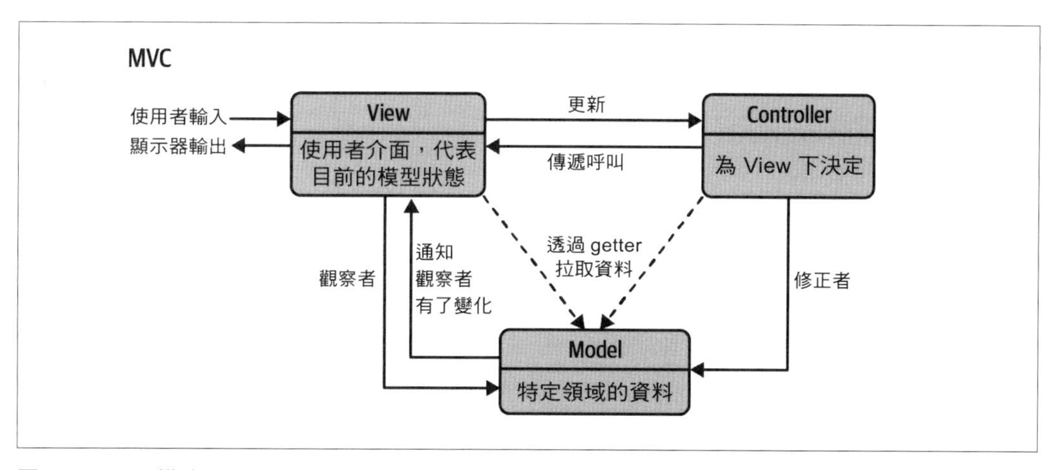

圖 8-1 MVC 模式

MVC 包含三個核心元件，以下各節將一一介紹。

4 *https://oreil.ly/yTX-F*

Model

Model 會管理應用程式的資料，它們既不關心 UI 也不關心呈現（presentation）層，只表達應用程式可能需要的獨特資料形式。當 Model 改變時，例如更新，它通常會通知其觀察者，也就是以下將介紹的 View 會有所變化，以便它可以做出相對應的反應。

想進一步理解 Model，可以想像相簿應用程式。在相簿中，照片的概念就是 Model，因為它代表一種獨特的特定領域資料，這裡的 Model 可以包含相關屬性，例如圖說（caption）、影像來源和附加的元資料，您可以把特定照片儲存在 Model 的實例中，而且可以重複使用 Model。

Model 的內建功能因框架而異。然而，支援屬性驗證是相當標準的功能，其中屬性表示 Model 的特性，例如 Model 識別符。在現實應用程式中使用 Model 時，通常也會希望 Model 具持久性，好編輯和更新 Model，並知道 Model 的最新狀態會與儲存在記憶體、本地儲區或資料庫同步。

此外，一個 Model 可能有多個觀察它的 View。舉例來說，照片 Model 包含元資料，例如以經緯度呈現的位置、照片中出現的朋友（識別符列表）和標記（tag）列表，開發人員可能會決定提供一個 View，以逐一顯示這些層面。

MVC/MV* 框架所提供，把 Model 分組為集合的方法並不少見。在群組中管理 Model，代表群組中的任何 Model 一有變化時，會根據來自群組的通知編寫應用程式邏輯，這避免手動觀察個別模型實例的必要性。

過去教到 MVC 時，可能會提到 Model 管理應用程式狀態（*state*）的概念。在 JavaScript 應用程式中，狀態具有不同涵義，通常是指目前「狀態」，即使用者螢幕上固定點（具有特定資料）的視圖或子視圖；在探討單頁應用程式（SPA）時，狀態常常受到討論，需要模擬狀態的概念。

總而言之，Model 主要的關注點在於業務資料。

View

View 是 Model 的視覺表達法，呈現它們目前狀態的過濾視圖。Smalltalk View 用於繪製和維護位元圖（bitmap），而 JavaScript View 則會建構和組織 DOM 元素的集合。

View 通常會觀察 Model 並在 Model 更改時收到通知，從而做出回應以更新。設計模式文獻一般將 View 稱為「笨蛋」，因為它們對應用程式中的 Model 和 Controller 瞭解相當有限。

使用者可以和 View 互動，包括擁有讀取 Model，和編輯它，即獲取或設定屬性值的能力。因為 View 是呈現層，所以一般會以使用者友善的方式來呈現編輯和更新的能力，以之前討論的相簿應用程式為例，可以透過「編輯」View 來促進 Model 編輯，選擇特定照片的使用者可以在其中編輯其元資料。

更新 Model 的實際任務落在等下就要介紹的 Controller 身上。

若以傳統 JavaScript 範例實作來進一步探索 View，可以看到一個建立單一照片 View 的函數，同時使用 Model 和 Controller 的實例。

我們在 View 中定義了一個 `render()` 實用程式，它負責使用 JavaScript 模版引擎（Lodash 模版）來渲染 `photoModel` 的內容，並更新由 `photoEl` 所參照的 View 的內容。

`photoModel` 之後會把 `render()` 回呼添加為它的訂閱者之一，這樣就可以在 Model 使用 Observer 模式來更改時，觸發 View 的更新。

可能有人想知道使用者互動在這裡能發揮什麼作用。當使用者點擊 View 中的任何元素時，View 的責任不是知道下一步要做什麼，它依賴 Controller 來為它做出決定。這個範例實作透過向 `photoEl` 添加一個事件監聽器以達成這點，它會把點擊行為的處理委託給 Controller，並在需要時，把 Model 資訊和它一起傳遞。

該架構的好處是，每個元件都在讓應用程式按需要執行功能時發揮了它的作用：

```
const buildPhotoView = (photoModel, photoController) => {
  const base = document.createElement( "div" );
  const photoEl = document.createElement( "div" );

  base.appendChild(photoEl);

  const render = () => {
        // 使用 Lodash 的模版方法
        // 它會為照片條目產生 HTML
        photo entry
        photoEl.innerHTML = _.template("#photoTemplate", {
            src: photoModel.getSrc()
        });
    };
```

```
  photoModel.addSubscriber( render );

  photoEl.addEventListener( "click", () => {
    photoController.handleEvent( "click", photoModel );
  });

  const show = () => {
    photoEl.style.display = "";
  };

  const hide = () => {
    photoEl.style.display = "none";
  };

  return {
    showView: show,
    hideView: hide
  };
};
```

模版化

在討論支援 MVC/MV* 的 JavaScript 框架時，有必要簡單介紹一下 JavaScript 的模版化（templating）。正如上一節所述，模版化與視圖相關。

長期以來，透過字串串接（concatenation）在記憶體中手動地建立大塊 HTML 標記，早已認定是一種效能不佳的做法。在資料上進行低效率迭代、把它包裝在巢套的 div 中、並使用過時技術例如 document.write，把產生的「模版」（template）注入 DOM，已成為開發人員的犧牲品，這通常代表包括了和標準標記內聯的腳本標記。標記會很快變得難以閱讀，更重要的是，具有此類別程式碼的重要應用程式可能會成為維護時的災難。

現代 JavaScript 模版化解決方案已轉向使用標記的模版文字（tagged template literal），這是 ES6（ECMAScript 2015）的一個強大功能。標記的模版文字允許您使用 JavaScript 的模版文字語法來建立可重用的模版，以及可用於操作和填充模版的客製化處理函數。這種方法消除了對額外模版程式庫的需求，並提供一種乾淨、可維護的方式來建立動態 HTML 內容。

標記模版文字中的變數可以使用 ${variable} 語法來輕鬆插入，這比傳統的變數分隔符如 {{name}} 更簡潔、也更易於閱讀，使得維護乾淨的 Model 和模版變得更簡單，同時允許框架去處理從 Model 來填充模版的大部分工作，好處多多，特別是選擇要在外部儲存模版時。在建構更大的應用程式時，這可以讓根據需要而動態載入的模版變得可行。

範例 8-1 和 8-2 是 JavaScript 模版的兩個範例，一個是使用標記的模版文字實作，另一個則是使用 Lodash 模版實作。

範例 *8-1* 標記的模版文字程式碼

```
// 樣本資料
const photos = [
  {
    caption: 'Sample Photo 1',
    src: 'photo1.jpg',
    metadata: 'Some metadata for photo 1',
  },
  {
    caption: 'Sample Photo 2',
    src: 'photo2.jpg',
    metadata: 'Some metadata for photo 2',
  },
];

// 標記的模版文字函數
function photoTemplate(strings, caption, src, metadata) {
  return strings[0] + caption + strings[1] + src + strings[2] + metadata
     + strings[3];
}

// 將模版定義為標記的模版文字字串
const template = (caption, src, metadata) => photoTemplate`<li class="photo">
  <h2>${caption}</h2>
  <img class="source" src="${src}"/>
  <div class="metadata">
    ${metadata}
  </div>
</li>`;

// 迭代資料並填充模版
const photoList = document.createElement('ul');
photos.forEach((photo) => {
  const photoItem = template(photo.caption, photo.src, photo.metadata);
  photoList.innerHTML += photoItem;
});

// 將填充的模版插入 DOM
document.body.appendChild(photoList);
```

範例 *8-2 Lodash.js templates*

```
<li class="photo">
  <h2><%- caption %></h2>
  <img class="source" src="<%- src %>"/>
  <div class="metadata">
    <%- metadata %>
  </div>
</li>
```

請注意，模版本身並不是 View。View 是觀察 Model 並讓視覺表達法保持最新的一種物件，模版**可能**是一種宣告方式，用於指明部分甚至全部的 View 物件，以便框架可以根據模版規範來產生它。

同樣要注意的是，在經典的 web 開發中，在獨立的 View 之間導航需要刷新頁面。然而，在單頁 JavaScript 應用程式中，一旦從伺服器獲取資料之後，就可以在同一頁面的新 View 中動態呈現資料，而無需進行任何此類的刷新。導航的角色因此落到路由器（router）上，它會協助管理應用程式狀態，例如，允許使用者為他們導航到的特定 View 添加書籤。不過，路由器既不是 MVC 的一部分，也不會出現在每個類似 MVC 的框架中，因此本節不會詳細討論。

總而言之，View 以視覺化的方式表達了應用程式資料，並且可以使用模版來產生 View。現代模版化技術，例如標記的模版文字，提供了一種乾淨、高效率且可維護的方式，好在 JavaScript 應用程式中建立動態 HTML 內容。

Controller

Controller 是 Model 和 View 之間的調解者，通常負責在使用者操作 View 時更新 Model；它管理的是應用程式中 Model 和 View 之間的邏輯和協調。

MVC 能提供的是？

MVC 中的這種關注點分離有助於更簡單地模組化應用程式的功能，並使得：

- 整體維護更容易。當應用程式需要更新時，可以很明顯分辨是以資料為中心的變更，如對 Model 或可能對 Controller 的變更；或者僅僅是視覺上，如對 View 的變更。
- 將 Model 和 View 解耦，意味著要為業務邏輯編寫單元測試會簡單許多。
- 能夠在整個應用程式中去除，可能是一直在使用的低階 Model 和 Controller 程式碼。

- 根據應用程式的大小和角色的分離，這種模組化會讓負責核心邏輯的開發人員和處理 UI 的開發人員可以同時工作。

JavaScript 中的 Smalltalk-80 MVC

大多數現代 JavaScript 框架都試圖發展 MVC 範式（paradigm）以適應 web 應用程式開發的不同需求。然而，已經有一個框架試圖堅持在 Smalltalk-80 中所發現模式的純粹形式，Peter Michaux 的 Maria.js[5] 提供一個忠於 MVC 起源的實作：Model 就是 Model，View 就是 View，Controller 就是 Controller。雖然一些開發人員可能認為 MV* 框架應該解決更多問題，但如果您想要原始 MVC 的 JavaScript 實作，這是一個有價值的參考資料。

MVC 的另一種觀點

閱讀本書至此，應該對 MVC 模式有了基本瞭解，但仍然有一些有趣的資訊值得注意。

GoF 並未將 MVC 稱為設計模式，而是將其視為*一組用於建構 UI 的類別*。在他們看來，這是三種經典設計模式：Observer、Strategy 和 Composite 模式的變體；根據 MVC 在框架中的實作方式，它還可以使用 Factory 和 Template 模式。GoF 一書認為，這些模式是使用 MVC 時有用的附加功能。

如同之前所討論的，Model 代表應用程式資料，而 View 代表使用者在螢幕上呈現的內容。因此，MVC 的一些核心通訊會依賴於 Observer 模式；儘管讓人驚訝的是，很多關於 MVC 模式的文章都沒有涉及這一點。當一個 Model 發生變化時，它會通知它的 Observer（View）某些東西已經更新，這可能是 MVC 中最重要的關係，這種關係的 Observer 本質也有助於把多個 View 附加到同一 Model 上。

對 MVC 解耦本質感興趣的開發人員來說，該模式的目標之一是幫助定義主題和它的觀察者之間的一對多關係；當主題一有變化，其觀察者也會更新。View 和 Controller 的關係則略有不同，Controller 有助於 View 回應使用者輸入，並且是 Strategy 模式的範例。

5 *https://oreil.ly/rNJLu*

MVC 總結

在回顧經典的 MVC 模式之後，現在應該已經能瞭解它如何允許我們在應用程式中清晰地分離關注點，也應該能瞭解 JavaScript MVC 框架在對 MVC 模式的解釋上可能有何不同。儘管對變化持開放態度，但它們仍然共享一些原始模式所提供的基本概念。

在審查新的 JavaScript MVC/MV* 框架時請記住：退後一步並檢查它如何趨近架構，具體來說，就是它如何支援實作 Model、View、Controller 或其他替代方案，這樣可能會有所幫助，因為更能幫助我們找到使用框架的最佳方式。

MVP

Model-View-Presenter（MVP）是 MVC 設計模式的衍生產品，專注於改進表達法邏輯。它起源於 1990 年代初期一家名為 Taligent[6] 的公司，當時他們正在為 C++ CommonPoint 環境開發模型。雖然 MVC 和 MVP 的主旨都在跨越多個元件的關注點分離，但它們之間還是存在一些根本性的區別。

這裡將聚焦於最適合基於 web 架構的 MVP 版本。

Model、View 和 Presenter

MVP 中的 P 代表 Presenter，是一個包含 View 的 UI 業務邏輯的元件。和 MVC 不同，來自 View 的呼叫會委託給 Presenter，然而 Presenter 和 View 是解耦的，取而代之的是透過一個介面與 View 對話。這有很多優點，例如能夠在單元測試中模擬 View（MVP 模式）（圖 8-2）。

6 *https://oreil.ly/sKiE8*

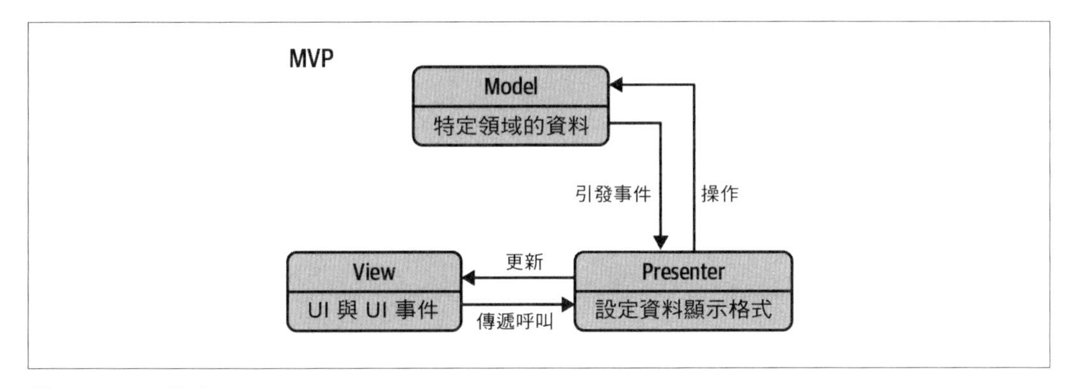

圖 8-2 MVP 模式

最常見的 MVP 實作是使用被動（passive）View，它從所有意圖和目的來看都很「笨」，幾乎不包含任何邏輯。MVC 和 MVP 之所以不同，就在於 C 和 P 扮演的是不同的角色，在 MVP 中，P 觀察 Model 並在 Model 變動時更新 View；P 能有效地把 Model 綁定到 View，而這在 MVC 中，是 Controller 的職責。

由 View 請求，Presenter 會執行與使用者請求相關的任何工作，並將資料回傳；在這方面，它們還會檢索資料、操作資料，並確定資料在 View 中的顯示方式。在某些實作中，Presenter 會和服務層互動以持久化資料（Model）。Model 可能會觸發事件，但是 Presenter 的角色是訂閱它們以便更新 View。這種被動架構沒有直接資料綁定的概念，View 公開 Presenter 可以用來設定資料的 setter。

MVC 這種變化的好處是，它增加了應用程式的可測試性，並提供 View 和 Model 之間更清晰的分離。然而，這並非不用成本的，因為模式中缺乏資料綁定的支援，通常意味著必須單獨處理此項任務。

雖然被動 View[7] 的常見實作是讓 View 去實作介面，但它有一些變體，包括使用事件讓 View 和 Presenter 更加解耦。由於 JavaScript 中沒有介面構造，因此這裡更常使用協定（protocol）而非外顯式介面，技術上它仍然是一個 API，從這個角度來看，把它稱為介面也是可以的。

7 *https://oreil.ly/SQUNj*

還有一個 MVP 的 Supervising Controller[8] 變體，它更接近 MVC 和 MVVM[9] 模式，因為它直接從 View 提供了來自 Model 的資料綁定。

要用 MVP 還是 MVC ？

在討論完 MVP 和 MVC 後，您該如何為您的應用程式選擇最合適的模式呢？

MVP 通常用於需要盡可能重用表達法邏輯的企業級應用程式，具有非常複雜的 View 和大量使用者互動的應用程式可能會發現 MVC 不太符合這些需求，因為要解決這個問題可能意味著需要嚴重依賴多個 Controller。而使用 MVP，所有這些複雜的邏輯都可以封裝在 Presenter 中，有效簡化了維護的負擔。

由於 MVP View 是透過介面定義的，並且介面在技術上是系統和 View（Presenter 除外）之間的唯一接觸點，這種模式也能允許開發人員編寫表達法邏輯，而無需等待設計人員產出應用程式的布局和圖形。

根據實作，MVP 可能比 MVC 更容易進行單元測試。常常有人這樣說的原因是，您可以將 Presenter 視為 UI 的完整模擬，因此它可以獨立於其他元件而進行單元測試。根據我的經驗，這取決於實作 MVP 所用的語言，為 JavaScript 專案選擇 MVP 和為 ASP.NET 專案選擇 MVP 之間就存在很大差異。

對 MVC 的潛在擔憂可能也適用於 MVP，因為它們之間的差異主要在語意上，只要清楚地把關注點分為 Model、View 和 Controller 或 Presenter，這樣無論選擇哪種變體，都應該享受大部分它們共通的好處。

很少 JavaScript 架構框架會聲稱要用經典形式來實作 MVC 或 MVP 模式，許多 JavaScript 開發人員並不認為 MVC 和 MVP 相互排斥，取而代之的是 MVP 在 ASP.NET 或 Google web Toolkit 等 web 框架中的嚴格實作。這是因為，應用程式中可以有額外的 Presenter ／ View 邏輯，並且仍然認為它是 MVC 的一種風格。

8 *https://oreil.ly/RZM34*

9 *https:// oreil.ly/f5apN*

MVVM

MVVM（Model-View-ViewModel）是一種基於 MVC 和 MVP 的架構模式，它試圖清楚分隔 UI 的開發，與應用程式中的業務邏輯以及行為的開發。為此，該模式的許多實作都使用宣告性資料綁定（declarative data binding），以允許將 View 上的工作與其他層分開。

這讓同一程式碼庫中的 UI 和開發工作幾乎可以同時進行。UI 開發人員在他們的文件標記（HTML）中編寫與 ViewModel 的綁定，而處理應用程式邏輯的開發人員則維護 Model 和 ViewModel（圖 8-3）。

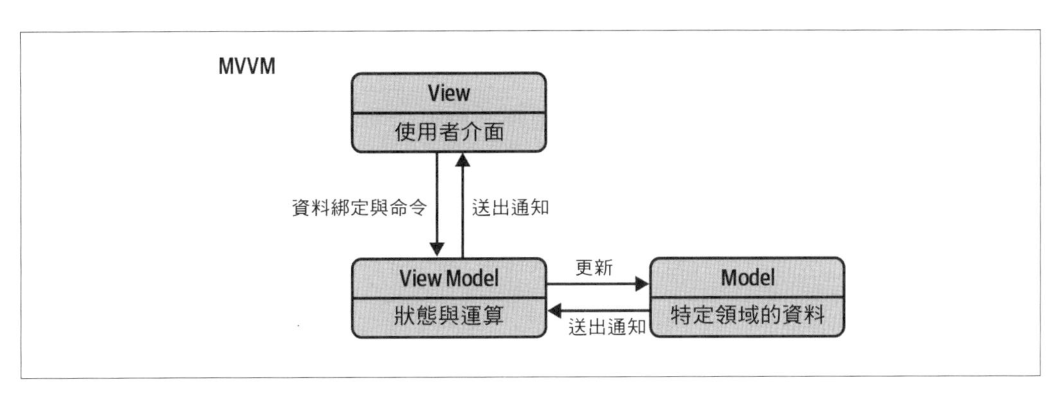

圖 8-3 MVVM 模式

歷史

MVVM 一名最初由 Microsoft 定義，以用於 Windows Presentation Foundation（WPF）[10] 和 Silverlight[11]，2005 年，John Grossman 於在一篇關於 Avalon（WPF 的代號）的部落格文章中正式宣告。因為是使用 MVC 的替代方法，它在 Adobe Flex 社群中也頗受歡迎。

在 Microsoft 採用 MVVM 名稱之前，社群中有一場從 MVP 到 MVPM 的運動：Model-View PresentationModel。早在 2004 年，Martin Fowler 就寫了一篇關於 PresentationModel 的

10 *https://oreil.ly/1_I11*

11 *https://oreil.ly/ve1Oh*

文章[12]，供那些有興趣閱讀更多相關內容的人瞭解；PresentationModel 的想法比本書存在時間早許多，然而，它可說是該概念的重大突破並有助於將之普及化。

在 Microsoft 宣布將 MVVM 視為 MVPM 的替代品之後，「alt.net」圈子裡一片嘩然。許多人聲稱該公司在 GUI 世界的主導地位讓他們能夠接管社群，出於營銷目的而隨意重新命名既有概念；一些進步人士也發現，雖然 MVVM 和 MVPM 實際上是相同的想法，但它們的封裝略有不同。

MVVM 最初是在 JavaScript 中以 KnockoutJS、Kendo MVVM 和 Knockback.js 等結構框架形式實作，整體來說得到社群的正面回應。

現在就來檢視一下組成 MVVM 的三個元件：

Model

表達特定於領域的資訊

View

使用者介面

ViewModel

Model 和 View 之間的介面

Model

和 MV* 家族的其他成員一樣，MVVM 中的 Model 表達應用程式將會使用的特定領域資料或資訊，特定領域的資料典型範例可能是使用者帳號，例如姓名、虛擬化身（avatar）、電子郵件，或音樂曲目的曲名、年分與專輯等。

Model 保存資訊但通常不處理行為，它們不將資訊排版，或影響資料在瀏覽器中的顯示方式，因為這不是它們的責任。與之相對，管理資料排版的是 View，而行為會視為業務邏輯，您應該把它封裝在與 Model 互動的另一個層中：ViewModel。

12 *https://oreil.ly/78R8q*

此規則的唯一例外往往是驗證，Model 驗證用來定義或更新現有 Model 的資料是可以接受的，例如，輸入的電子郵件位址是否滿足特定正規運算式（regular expression）的要求？

View

和 MVC 一樣，View 是使用者會和它互動的應用程式唯一部分。View 是一個互動式 UI，代表 ViewModel 的狀態，從這個意義上講，View 可視為主動（active）而非被動的，對 MVC 和 MVP View 來說也是如此。在 MVC、MVP、MVVM 中，一個 View 也可以是被動的，但這是什麼意思呢？

被動 View 只會輸出顯示，並不接受任何使用者輸入，這樣的 View 也可能對應用程式中的 Model 一無所知，並且可以由 Presenter 操作。MVVM 的主動 Model 包含資料綁定、事件和行為，這需要瞭解 ViewModel。雖然這些行為可以映射到屬性，但 View 仍然負責處理來自 ViewModel 的事件。

重點在於，要記住 View 並不負責處理狀態，它會和 ViewModel 保持同步。

ViewModel

ViewModel 可視為充當資料轉換器的專用 Controller。它把 Model 資訊更改為 View 資訊，將命令從 View 傳遞到 Model。

假設有一個 Model，其中包含 UNIX 格式的 date 屬性，例如 1333832407。但這個 Model 並沒有意識到使用者日期的 View 可能為 04/07/2012 @ 5:00 pm，在這種情況下需要把地址轉換為其顯示格式時，Model 保存的是原始格式資料，View 則包含格式化日期，ViewModel 就能充當兩者之間的中間人。

由此看來，ViewModel 更像是一個 Model 而不是 View，但它確實處理 View 的大部分顯示邏輯。ViewModel 還可以公開那些會幫忙維護 View 狀態、根據 View 上的操作更新 Model，以及觸發 View 上事件的方法。

總之，ViewModel 位於 UI 層之後。它公開來自 Model 的 View 所需的資料，並且可以成為 Model 獲取資料和動作的來源。

回顧：View 和 ViewModel

View 和 ViewModel 使用資料綁定和事件來通訊。正如一開始 ViewModel 範例中看到的那樣，ViewModel 不僅揭露 Model 屬性，還提供其他方法和功能，例如驗證的存取。

View 會處理它們自己的 UI 事件，必要時把它們映射到 ViewModel；ViewModel 上的模型和屬性則會透過雙向資料綁定來同步和更新。

觸發器（資料觸發器）更允許對 Model 屬性狀態的變化有進一步反應。

以 ViewModel 對比 Model

雖然 ViewModel 可能會完全負責 MVVM 中的 Model，但這種關係有一些微妙之處值得注意。ViewModel 可以揭露用於資料綁定的 Model 或 Model 屬性，並包含用於獲取和操作在 View 中公開屬性的介面。

優點和缺點

現在就來瞭解 MVVM 內容以及它的運作方式，並檢視採用這種模式的優點和缺點。

優點

- MVVM 有助於更輕鬆地平行開發 UI 以及讓它運作的積木。
- MVVM 能抽象化 View，從而減少其背後程式碼中所需的業務邏輯（或膠水）數量。
- 與事件驅動程式碼相比，ViewModel 更容易進行單元測試。
- 可以在不用關切 UI 自動化和互動的情況下測試 ViewModel。它更像是 Model 而非 View。

缺點

- 對於較簡單的使用者介面來說，MVVM 可能有點矯枉過正。
- 雖然資料綁定可以是宣告式的並且易於使用，但它們可能比命令式程式碼更難除錯，因為後者只需簡單地設定斷點。

- 重要應用程式中的資料綁定會產生大量簿記（bookkeeping）。誰都不希望最終會出現綁定比被綁定物件還重量級的情況。
- 在較大的應用程式中，預先設計 ViewModel 以獲得必要的泛化可能會更具有挑戰性。

以 MVC 對比 MVP 與 MVVM

MVP 和 MVVM 都是 MVC 的衍生物，MVC 及其衍生產品之間的主要區別在於每一層對其他層的依賴性，以及它們彼此之間綁定的緊密程度。

在 MVC 中，View 位於架構頂部，Controller 在旁邊，Model 位於 Controller 之下，因此 View 和 Controller 彼此認識，Controller 又認識 Model。在這裡，View 可以直接存取 Model，然而，應用程式若是比較複雜，將完整的 Model 暴露給 View，可能就會產生安全和效能成本。MVVM 則試圖避要免這些問題。

在 MVP 中，Presenter 取代了 Controller 的角色，與 View 處於同一層級，監聽來自 View 和 Model 的事件並調解它們之間的動作。與 MVVM 不同的是，它沒有綁定 View 到 ViewModel 的機制，因此改為仰賴每個 View 去實作一個允許 Presenter 和 View 互動的介面。

因此，MVVM 允許建立 Model 特定於 View 的子集合，其中可以包含狀態和邏輯資訊，而避免將整個 Model 暴露給 View。和 MVP 的 Presenter 不同，ViewModel 不需要參照 View，View 可以綁定到 ViewModel 上的屬性，進而將 Model 中包含的資料暴露給 View。正如之前所提，View 的抽象化意味著它背後的程式碼中需要的邏輯會更少。

但是，這樣做的一個缺點是，ViewModel 和 View 之間需要一定程度的解譯，這可能會產生效能成本。這種解譯的複雜性也各不相同：它可能像複製資料一樣簡單，也可能像把資料操縱成我們希望 View 看到的形式那樣複雜。MVC 則沒有這個問題，因為整個 Model 都是現成的，並且可以避免這種操縱。

現代 MV* 模式

最初用於實作 MVC 和 MVVM 的 Backbone 和 KnockoutJS 等框架已不再流行或更新，而讓路給其他程式庫和框架了，例如 React、Vue.js、Angular、Solid 等等。從 Backbone 或 KnockoutJS 的角度來理解架構可能仍然有些意義，因為它能幫助瞭解起源以及現代框架發生的變化。

MV* 模式永遠可以使用最新的普通 JavaScript 來實作，如 ToDo 列表 MVC 應用程式的範例所示[13]。但是，開發人員通常會更喜歡用來建構更大、可擴展應用程式的程式庫和框架。

技術上，現代的程式庫和框架，例如 React 或 Vue.js 構成 View 或應用程式的呈現層。在大多數情況下，框架對於要如何實作 Model 和管理應用程式中的狀態是有彈性的，Vue 官方宣稱是 MVVM 中的 ViewModel[14] 層。以下是一些關於 React 中 MV* 的額外想法。

MV* 和 React.js

要說清楚的是，React 並不是 MVC 框架。它是一個建構 UI 的 JavaScript 程式庫，通常用於建立 SPA。

一般不會將 React 視為 MVC，因為它不能成功映射它在後端的構思和使用方式。React 是一個渲染程式庫，用來處理 View 層甚為理想，像 MVC 一樣，它沒有中央的 Controller 來作為編排器／路由器。

React 遵循宣告式程式設計方法，先要描述應用程式的期望狀態，然後根據該狀態呈現適當的 View。不在 MVC 設計模式中使用 React 的原因很簡單，使用 React 時，伺服器不會向瀏覽器提供「View」，而是「資料」。React 會剖析瀏覽器上的資料以產生成實際的 View，就這個意義而言，React 可以說是 MVC 模式中的一個「V」（View），但它並不是傳統意義上的 MVC 框架。

13 *https://oreil.ly/QVYPY*

14 *https://oreil.ly/UqbVh*

另一種看待 React 的方式是，它會依關注垂直地切片 MVC，而非依技術水平地。可以說 React 中的 Component 開始時是小型的垂直切片封裝的 MVC：包含狀態（Model）、渲染（View）和控制流邏輯（本地化的迷你 Controller）。

如今，隨著大量元件邏輯被提取到 Hook 中，您可以把 Component 視為 View，把 Hook 視為 Controller。有幫助的話，也可以考慮「Model⇒Suspense 資源，View⇒Component，Controller⇒Hook」，但不要過於當真。

Next.js 是一個建構在 React 之上的框架，可以輕鬆建構由伺服器渲染的 React 應用程式，包括自動程式碼拆分、優化效能和輕鬆部署到生產等功能。與 React 一樣，Next.js 並不是 MVC 框架，但當您使用伺服器端渲染（server-side rendering, SSR）或靜態站點產生器（static site generator, SSG）時，它就可以像 MVC 一樣。當 Next.js 充當後端時，會和資料庫互動並提供 View 來預渲染它，這時就可以說它是 MVC，並隨後會與反應功能相結合。

總結

這裡分析了 Model、View、Controller、Presenter 和 ViewModel 的概念，以及它們在不同架構型模式中的位置。現在可能看不到這些模式以原樣應用在 JavaScript 最相關的前端上；但是，它們能幫助我們弄清楚 web 應用程式的整體架構，也可以應用於個別前端元件上，其中垂直切片的應用程式可能有多個元件，而每個元件都有一個 ViewModel 或 Model 來為 View 提供動力。

至此，本書已經涵蓋微觀（類別）和宏觀（架構）層級模式的良好組合。下一章將設計現代 JavaScript 應用程式的應用程式流程，研究可以幫助管理在瀏覽器上長時間任務的非同步程式設計（asynchronous programming）模式。

第 9 章

非同步程式設計模式

非同步 JavaScript 程式設計允許在後台執行長時間任務，同時允許瀏覽器回應事件，並執行其他程式碼來處理這些事件。非同步程式設計（asynchronous programming）在 JavaScript 中相對較新，本書第一版出版時還沒有支援它的語法。

諸如 `promise`、`async` 和 `await` 等 JavaScript 概念可以讓您的程式碼更整潔且易於閱讀，而不會阻塞主執行緒。而 `async` 函數則在 2016 年以 ES7 的一部分導入，現在所有瀏覽器都支援它。以下就是使用這些特性來建構應用程式流程的一些模式。

非同步程式設計

在 JavaScript 中，同步程式碼是以阻擋（blocking）方式執行，這意味著程式碼是以序列（serial）方式執行，一次執行一條敘述。以下程式碼只有在目前的敘述執行完成後才能執行，當您呼叫同步函數時，該函數內的程式碼會在控制權返回呼叫者之前一貫地地執行。

另一方面，非同步程式碼以非阻擋方式執行，這意味著當目前正在執行的程式碼正在等待某些東西時，JavaScript 引擎可以切換成在背景執行此程式碼。當您呼叫非同步函數時，函數內的程式碼會在背景執行，而控制權會立即傳回給呼叫者。

以下是 JavaScript 中的同步程式碼範例：

```
function synchronousFunction() {
  // 做某件事
}

synchronousFunction();
// 函數內的程式碼在這一行之前執行
```

下面是 JavaScript 中的非同步程式碼範例：

```
function asynchronousFunction() {
  // do something
}

asynchronousFunction();
// 函數內的程式碼在背景執行
// 而控制權返回到這一行
```

通常可以使用非同步程式碼來執行長時間執行的運算，而不會阻擋其餘程式碼。非同步程式碼適用於發出網路請求、讀取或寫入資料庫，或執行任何其他類型的 I/O（輸入／輸出）運算。

`async`、`await` 和 `promise` 等語言特性使得在 JavaScript 中編寫非同步程式碼更加容易。它們允許您以一種不論是看起來還是行為表現都像同步程式碼的方式，來編寫非同步程式碼，讓它更易於閱讀和理解。

在更深入地研究每個回呼、promise 和 `async/await` 之前，先簡要地看一下它們之間的區別：

```
// 使用回呼
function makeRequest(url, callback) {
  fetch(url)
    .then(response => response.json())
    .then(data => callback(null, data))
    .catch(error => callback(error));
}

makeRequest('http://example.com/', (error, data) => {
  if (error) {
    console.error(error);
  } else {
    console.log(data);
  }
});
```

在第一個範例中，makeRequest 函數使用回呼來傳回網路請求的結果。呼叫者把回呼函數傳遞給 makeRequest，而該函數會傳回結果（資料）或錯誤：

```
// 使用 promise
function makeRequest(url) {
  return new Promise((resolve, reject) => {
    fetch(url)
      .then(response => response.json())
      .then(data => resolve(data))
      .catch(error => reject(error));
  });
}

makeRequest('http://example.com/')
  .then(data => console.log(data))
  .catch(error => console.error(error));
```

在第二個範例中，makeRequest 函數傳回一個 promise，它會以網路請求的結果來解析或以錯誤來拒絕。呼叫者可以在傳回的 promise 上使用 then 和 catch 方法，來處理請求的結果：

```
// 使用 async/await
async function makeRequest(url) {
  try {
    const response = await fetch(url);
    const data = await response.json();
    console.log(data);
  } catch (error) {
    console.error(error);
  }
}

makeRequest('http://example.com/');
```

在第三個範例中，makeRequest 函數宣告了 async 關鍵字，這使得它可以使用 await 關鍵字來等待網路請求的結果。呼叫者可以使用 try 和 catch 關鍵字來處理函數執行期間可能發生的任何錯誤。

背景

JavaScript 中的回呼函數可以作為參數傳遞給另一個函數，並在某些非同步運算完成後執行。回呼通常用於處理非同步運算，例如網路請求或使用者輸入的結果。

使用回呼的主要缺點之一是它們可能導致所謂的「回呼地獄」，指一種巢套式回呼變得難以閱讀和維護的情況。如以下範例：

```
function makeRequest1(url, callback) {
  // 發出網路請求
  callback(null, response);
}

function makeRequest2(url, callback) {
  // 發出網路請求
  callback(null, response);
}

function makeRequest3(url, callback) {
  // 發出網路請求
  callback(null, response);
}

makeRequest1('http://example.com/1', (error, data1) => {
  if (error) {
    console.error(error);
    return;
  }

  makeRequest2('http://example.com/2', (error, data2) => {
    if (error) {
      console.error(error);
      return;
    }

    makeRequest3('http://example.com/3', (error, data3) => {
      if (error) {
        console.error(error);
        return;
      }

      // 用 data1, data2, data3 做些事
    });
  });
});
```

在此範例中，makeRequest1 函數發出網路請求，然後使用請求結果來呼叫 callback 函數。之後，callback 函數使用 makeRequest2 函數發出第二個網路請求，然後該函數使用其結果來呼叫另一個 callback 函數。第三個網路請求也會繼續這種模式。

Promise 模式

Promise 是一種更現代化處理 JavaScript 非同步運算的方法。Promise 是一個表達非同步運算結果的物件，它可以處於 3 種狀態：待定的（pending）、已履行（fulfilled）或已拒絕（rejected），就像一份合約，如果履行或拒絕就可以結算。

您可以使用 Promise 建構子來建立一個 promise，它會接受一個函數作為參數。該函數會接收兩個參數：resolve 和 reject，非同步運算成功完成時會呼叫 resolve 函數，運算失敗時則呼叫 reject 函數。

以下範例展示如何使用 promise 來發出網路請求：

```
function makeRequest(url) {
  return new Promise((resolve, reject) => {
    fetch(url)
      .then(response => response.json())
      .then(data => resolve(data))
      .catch(error => reject(error));
  });
}

makeRequest('http://example.com/')
  .then(data => console.log(data))
  .catch(error => console.error(error));
```

在這個範例中，makeRequest 函數會傳回一個代表網路請求結果的 promise。函數內部使用了 fetch 方法來發出 HTTP 請求，請求成功的話，promise 將使用回應中的資料來履行；失敗的話，promise 會遭到拒絕並傳回錯誤。呼叫者可以在傳回的 promise 上使用 then 和 catch 方法來處理請求結果。

使用 promise 而不是回呼的主要優點之一是，它提供的是一種更具結構化和可讀性更強的方法來處理非同步運算，這樣可以避免「回呼地獄」，並編寫更易於理解和維護的程式碼。

以下小節提供額外範例說明，將有助於您理解在 JavaScript 中可以使用的不同 promise 設計模式。

Promise 鏈接（Promise Chaining）

此模式允許將多個 promise 鏈接在一起，以建立更複雜的 async 邏輯：

```
function makeRequest(url) {
  return new Promise((resolve, reject) => {
    fetch(url)
      .then(response => response.json())
      .then(data => resolve(data))
      .catch(error => reject(error));
  });
}

function processData(data) {
  // 處理資料
  return processedData;
}

makeRequest('http://example.com/')
  .then(data => processData(data))
  .then(processedData => console.log(processedData))
  .catch(error => console.error(error));
```

Promise 錯誤處理

此模式使用 catch 方法來處理在執行 promise 鏈接期間可能發生的錯誤：

```
makeRequest('http://example.com/')
  .then(data => processData(data))
  .then(processedData => console.log(processedData))
  .catch(error => console.error(error));
```

Promise 平行性

此模式允許使用 Promise.all 方法，來同時執行多個 promise：

```
Promise.all([
  makeRequest('http://example.com/1'),
  makeRequest('http://example.com/2')
```

```
]).then(([data1, data2]) => {
  console.log(data1, data2);
});
```

Promise 循序執行

此模式允許使用 `Promise.resolve` 方法，以按順序執行 promise：

```
Promise.resolve()
  .then(() => makeRequest1())
  .then(() => makeRequest2())
  .then(() => makeRequest3())
  .then(() => {
    // 已完成所有請求
  });
```

Promise 記憶

此模式使用快取來儲存 promise 函數呼叫的結果，從而避免發出重複請求：

```
const cache = new Map();

function memoizedMakeRequest(url) {
  if (cache.has(url)) {
    return cache.get(url);
  }

  return new Promise((resolve, reject) => {
    fetch(url)
      .then(response => response.json())
      .then(data => {
        cache.set(url, data);
        resolve(data);
      })
      .catch(error => reject(error));
  });
}
```

此範例將說明如何使用 `memoizedMakeRequest` 函數，以避免發出重複請求：

```
const button = document.querySelector('button');
button.addEventListener('click', () => {
  memoizedMakeRequest('http://example.com/')
```

```
    .then(data => console.log(data))
    .catch(error => console.error(error));
});
```

現在，點擊按鈕時會呼叫 `memoizedMakeRequest` 函數。如果請求的 URL 已經在快取中，則會傳回快取資料；否則就會發出一個新請求，並把結果快取起來，以供日後請求使用。

Promise 生產線

此模式使用 promise 和函數式程式設計技術，以建立 `async` 轉換生產線：

```
function transform1(data) {
  // 轉換資料
  return transformedData;
}

function transform2(data) {
  // 轉換資料
  return transformedData;
}

makeRequest('http://example.com/')
  .then(data => pipeline(data)
    .then(transform1)
    .then(transform2))
  .then(transformedData => console.log(transformedData))
  .catch(error => console.error(error));
```

Promise 重試

此模式允許失敗時重試 promise：

```
function makeRequestWithRetry(url) {
  let attempts = 0;

  const makeRequest = () => new Promise((resolve, reject) => {
    fetch(url)
      .then(response => response.json())
      .then(data => resolve(data))
      .catch(error => reject(error));
  });
```

```
  const retry = error => {
    attempts++;
    if (attempts >= 3) {
      throw new Error('Request failed after 3 attempts.');
    }
    console.log(`Retrying request: attempt ${attempts}`);
    return makeRequest();
  };

  return makeRequest().catch(retry);
}
```

Promise 裝飾器

此模式使用高階函數來建立可應用於 promise 以添加額外行為的裝飾器（decorator）：

```
function logger(fn) {
  return function (...args) {
    console.log('Starting function...');
    return fn(...args).then(result => {
      console.log('Function completed.');
      return result;
    });
  };
}

const makeRequestWithLogger = logger(makeRequest);

makeRequestWithLogger('http://example.com/')
  .then(data => console.log(data))
  .catch(error => console.error(error));
```

Promise 競賽

此模式允許您同時執行多個 promise，並傳回第一個結算的結果：

```
Promise.race([
  makeRequest('http://example.com/1'),
  makeRequest('http://example.com/2')
]).then(data => {
  console.log(data);
});
```

async/await 模式

async/await 是一種語言特性，它允許程式設計師將非同步程式碼編寫到就好像同步一樣。它建立在 promise 之上，讓使用非同步程式碼更容易及清楚。

以下範例說明如何使用 async/await 來進行非同步 HTTP 請求：

```
async function makeRequest() {
  try {
    const response = await fetch('http://example.com/');
    const data = await response.json();
    console.log(data);
  } catch (error) {
    console.error(error);
  }
}
```

在此範例中，makeRequest 函數是非同步的，因為它使用了 async 關鍵字。在函數內部，await 關鍵字可用來暫停執行函數，直到解析完成 fetch 呼叫，如果呼叫成功的話，資料將記錄至控制台；如果失敗，將捕獲錯誤並記錄到控制台。

現在來看看其他一些使用 async 的模式。

async 函數組合

此模式涉及把多個 async 函數組合在一起，以建立更複雜的 async 邏輯：

```
async function makeRequest(url) {
  const response = await fetch(url);
  const data = await response.json();
  return data;
}


async function processData(data) {
  // 處理資料
  return processedData;
}

async function main() {
  const data = await makeRequest('http://example.com/');
  const processedData = await processData(data);
  console.log(processedData);
}
```

async 迭代

此模式允許使用 for-await-of 迴圈，來迭代 async 可迭代物件：

```
async function* createAsyncIterable() {
  yield 1;
  yield 2;
  yield 3;
}

async function main() {
  for await (const value of createAsyncIterable()) {
    console.log(value);
  }
}
```

async 錯誤處理

此模式使用 try-catch 區塊，來處理 async 函數執行期間可能發生的錯誤：

```
async function main() {
  try {
    const data = await makeRequest('http://example.com/');
    console.log(data);
  } catch (error) {
    console.error(error);
  }
}
```

async 平行性

此模式允許使用 Promise.all 方法，來同時執行多個 async 任務：

```
async function main() {
  const [data1, data2] = await Promise.all([
    makeRequest('http://example.com/1'),
    makeRequest('http://example.com/2')
  ]);

  console.log(data1, data2);
}
```

async 循序執行

此模式允許使用 Promise.resolve 方法，來按順序執行 async 任務：

```
async function main() {
  let result = await Promise.resolve();

  result = await makeRequest1(result);
  result = await makeRequest2(result);
  result = await makeRequest3(result);

  console.log(result);
}
```

async 記憶

此模式使用快取來儲存 async 函數呼叫的結果，以避免發出重複請求：

```
const cache = new Map();

async function memoizedMakeRequest(url) {
  if (cache.has(url)) {
    return cache.get(url);
  }

  const response = await fetch(url);
  const data = await response.json();

  cache.set(url, data);
  return data;
}
```

async 事件處理

此模式允許使用 async 函數來處理事件：

```
const button = document.querySelector('button');

async function handleClick() {
  const response = await makeRequest('http://example.com/');
  console.log(response);
}

button.addEventListener('click', handleClick);
```

async/await 生產線

此模式使用 async/await 和函數式程式設計技術，來建立 async 轉換生產線：

```
async function transform1(data) {
  // 轉換資料
  return transformedData;
}

async function transform2(data) {
  // 轉換資料
  return transformedData;
}

async function main() {
  const data = await makeRequest('http://example.com/');
  const transformedData = await pipeline(data)
    .then(transform1)
    .then(transform2);

  console.log(transformedData);
}
```

async 重試

此模式允許您在失敗時重試 async 運算：

```
async function makeRequestWithRetry(url) {
  let attempts = 0;

  while (attempts < 3) {
    try {
      const response = await fetch(url);
      const data = await response.json();
      return data;
    } catch (error) {
      attempts++;
      console.log(`Retrying request: attempt ${attempts}`);
    }
  }

  throw new Error('Request failed after 3 attempts.');
}
```

async/await 裝飾器

此模式使用高階函數，來建立可應用於 async 函數以添加額外行為的裝飾器：

```
function asyncLogger(fn) {
  return async function (...args) {
    console.log('Starting async function...');
    const result = await fn(...args);
    console.log('Async function completed.');
    return result;
  };
}

@asyncLogger
async function main() {
  const data = await makeRequest('http://example.com/');
  console.log(data);
}
```

額外的實用範例

除了前面部分討論的模式之外，以下是在 JavaScript 中使用 async/await 的一些實用範例。

發出 HTTP 請求

```
async function makeRequest(url) {
  try {
    const response = await fetch(url);
    const data = await response.json();
    console.log(data);
  } catch (error) {
    console.error(error);
  }
}
```

從檔案系統讀取檔案

```
async function readFile(filePath) {
  try {
    const fileData = await fs.promises.readFile(filePath);
    console.log(fileData);
```

```
  } catch (error) {
    console.error(error);
  }
}
```

寫入檔案系統中的檔案

```
async function writeFile(filePath, data) {
  try {
    await fs.promises.writeFile(filePath, data);
    console.log('File written successfully.');
  } catch (error) {
    console.error(error);
  }
}
```

執行多個 async 運算

```
async function main() {
  try {
    const [data1, data2] = await Promise.all([
      makeRequest1(),
      makeRequest2()
    ]);
    console.log(data1, data2);
  } catch (error) {
    console.error(error);
  }
}
```

按順序執行多個 async 運算

```
async function main() {
  try {
    const data1 = await makeRequest1();
    const data2 = await makeRequest2();
    console.log(data1, data2);
  } catch (error) {
    console.error(error);
  }
}
```

快取 async 運算的結果

```
const cache = new Map();

async function makeRequest(url) {
  if (cache.has(url)) {
    return cache.get(url);
  }

  try {
    const response = await fetch(url);
    const data = await response.json();
    cache.set(url, data);
    return data;
  } catch (error) {
    throw error;
  }
}
```

使用 async/await 處理事件

```
const button = document.querySelector('button');

button.addEventListener('click', async () => {
  try {
    const data = await makeRequest('http://example.com/');
    console.log(data);
  } catch (error) {
    console.error(error);
  }
});
```

失敗時重試 async 運算

```
async function makeRequest(url) {
  try {
    const response = await fetch(url);
    const data = await response.json();
    return data;
  } catch (error) {
    throw error;
  }
}
```

```
async function retry(fn, maxRetries = 3, retryDelay = 1000) {
  let retries = 0;

  while (retries <= maxRetries) {
    try {
      return await fn();
    } catch (error) {
      retries++;
      console.error(error);
      await new Promise(resolve => setTimeout(resolve, retryDelay));
    }
  }

  throw new Error(`Failed after ${retries} retries.`);
}

retry(() => makeRequest('http://example.com/')).then(data => {
  console.log(data);
});
```

建立 async/await 裝飾器

```
function asyncDecorator(fn) {
  return async function(...args) {
    try {
      return await fn(...args);
    } catch (error) {
      throw error;
    }
  };
}
const makeRequest = asyncDecorator(async function(url) {
  const response = await fetch(url);
  const data = await response.json();
  return data;
});

makeRequest('http://example.com/').then(data => {
  console.log(data);
});
```

總結

本章涵蓋了一組廣泛的模式和範例，在編寫非同步程式碼，好在背景執行長時間執行的任務時非常有用，並看到 callback 函數讓位給 promise 和 async/await 以執行一個或多個 async 任務的方法。

下一章將從另一個角度來看應用程式架構模式，瞭解模組式開發模式如何隨著時間推移而演變。

第 10 章

模組式 JavaScript 設計模式

在可擴展的 JavaScript 世界中，說到一個應用程式是**模組式**（*modular*）時，通常指它是由一組高度分離、不同的功能塊所組成，而這些功能塊會儲存在模組中。一有機會，鬆散耦合（loose coupling）就會刪除**依賴項**（*dependency*），好促進應用程式的可維護性。當有效率地實作時，很容易能看出更改系統的某一部分時，會如何影響另一個部分。

前面的章節曾經介紹模組式程式設計的重要性，和實作模組式設計模式的現代方法。雖然 ES2015[1] 向 JavaScript 導入原生模組，但直到 2015 年，編寫模組式 JavaScript 都是可能的。

本節將研究使用經典 JavaScript（ES5）語法模組式 JavaScript 的 3 種格式：非同步模組定義（Asynchronous Module Definition, AMD）、CommonJS 和通用模組定義（Universal Module Definition, UMD）。想瞭解有關 JavaScript 模組的更多資訊，請參閱第 5 章所介紹關於模組匯入、匯出，和更多功能的 ES2015+ 語法。

1 *https://oreil.ly/Pcc5o*

關於腳本載入器的說明

不討論腳本載入器（script loader）[2]，就很難討論 AMD 和 CommonJS 模組。腳本載入是實現目標的一種手段，模組式 JavaScript 只能使用相容的腳本載入器來實作。

有幾個很棒的載入器可用來處理 AMD 和 CommonJS 格式的模組載入，其中我個人最喜歡的是 RequireJS[3] 和 curl.js[4]。

AMD

導入 AMD 格式的目的在作為定義模組的提案，這樣模組和依賴項都可以非同步載入[5]。AMD 格式的最終目標，是要為開發人員可以使用的模組式 JavaScript 提供解決方案，它有幾個明顯的優勢，包括本質上非同步的具有高度彈性，這能消除程式碼和模組身分之間經常可能發現的緊密耦合。許多開發人員喜歡使用 AMD，一般認為對當下不可用的 JavaScript 模組來說，它是通往 JavaScript 模組[6]的可靠墊腳石。

AMD 最初是 CommonJS 列表中模組格式的規範草案，但由於無法完全達成共識，該格式的進一步開發最後移交給 amdjs 群組[7]。

包括 Dojo、MooTools 甚至 jQuery 在內的專案都接受它。儘管一般口語偶爾會稱之為 *CommonJS AMD* 格式，但最好還是稱其為 AMD 或 Async Module 支援，因為並非 CommonJS 列表中的所有參與者都希望追求它。

有一段時間會將該提案稱為 Modules Transport/C。然而由於這裡的規範不是為了傳輸現有的 CommonJS 模組，而是為了定義模組，所以選擇 AMD 這個命名慣例更有其意義。

2 *https://oreil.ly/ssCQT*

3 *https://oreil.ly/Ri_9R*

4 *https://oreil.ly/s7QRg*

5 *https:// oreil.ly/iTNe3*

6 *https://oreil.ly/ yxADG*

7 *https://oreil.ly/0-XeU*

模組入門

關於 AMD，有兩個概念值得注意，一是用於促進模組定義的 define 方法，二是用於處理依賴項載入的 require 方法。define 用於以下簽名，以定義命名或未命名模塊：

```
define(
    module_id /* 可選的 */,
    [dependencies] /* 可選的 */,
    definition function {} /* 用於實例化模組或物件的函數 */
);
```

從內聯註解中可以看出，module_id 是一個可選參數，通常只在使用非 AMD 串接工具時才需要，或是其他一些邊緣情況下，它可能也很有用。當省略此參數時，會把該模組稱為*匿名*（*anonymous*）模組。

使用匿名模組時，模組身分的概念是 DRY（Don't repeat yourself，不要一再重複），讓避免檔名和程式碼重複徒勞無功。因為程式碼更具可攜性，它可以輕易移動到其他位置或檔案系統周圍，而無需更改程式碼本身或更改其模組 ID；可以把 module_id 想成類似資料夾路徑的概念。

開發人員可以使用 AMD 優化器在多個環境中執行這段相同的程式碼，而該優化器適用於 CommonJS 環境，例如 r.js[8]。

回到 define 簽名，dependencies 參數表示正在定義的模組所需的依賴項陣列，第三個參數，即 definition function 或 factory function，是用來實例化模組的函數，可以像範例 10-1 中那樣定義骨幹模組。

範例 *10-1* 解 *AMD*：define()

```
// 此處使用 module_id (myModule) 只為了示範目的
define( "myModule",

    ["foo", "bar"],

    // 模組定義函數
    // 依賴項（foo and bar）被映射至函數的參數
    function ( foo, bar ) {
```

8 *https://oreil.ly/48dSL*

```
        // 傳回定義了模組匯出的值
        //（也就是想要公開供使用的功能）

        // 在這裡建立您的模組
        var myModule = {
            doStuff:function () {
                console.log( "Yay! Stuff" );
            }
        };

    return myModule;
});

// 替代版本可能是……
define( "myModule",

    ["math", "graph"],

    function ( math, graph ) {

        // 請注意，這是一個略有不同的模式
        // 使用 AMD，由於其語法某些方面的靈活性，
        // 可以用幾種不同的方式來定義模組
        return {
            plot: function( x, y ){
                return graph.drawPie( math.randomGrid( x, y ) );
            }
        };
});
```

另一方面，如果希望動態地獲取依賴項，則 require 通常會用來在頂層 JavaScript 檔案或模組內載入程式碼。範例 10-2 即為一例。

範例 *10-2* 解 *AMD*：require()

```
// 考慮「foo」和「bar」是兩個外部模組
// 在此範例中，來自兩個載入模組的「匯出」
// 被當作是函數參數傳遞給
// 回呼（foo 和 bar），以便可以類別似地存取它們

require(["foo", "bar"], function ( foo, bar ) {
        // 其餘的程式碼在此
        foo.doSomething();
});
```

範例 10-3 顯示的是動態載入的依賴項：

範例 *10-3* 動態載入的依賴項

```
define(function ( require ) {
    var isReady = false, foobar;

    // 注意模組定義中的內聯 require
    require(["foo", "bar"], function ( foo, bar ) {
        isReady = true;
        foobar = foo() + bar();
    });

    // 仍然可以傳回一個模組
    return {
        isReady: isReady,
        foobar: foobar
    };
});
```

範例 10-4 顯示的是定義和 AMD 相容的外掛程式。

範例 *10-4* 瞭解 *AMD*：外掛程式

```
// 使用 AMD，可以載入幾乎任何類型的資產
// 包括文本檔案和 HTML。這使我們能夠擁有模版依賴項，
// 這些依賴項可用於在
// 頁面載入時或動態地為元件添加外觀。

define( ["./templates", "text!./template.md","css!./template.css" ],

    function( templates, template ){
        console.log( templates );
        // 在這裡用模版做一些事情
    }

});
```

雖然 CSS! 在前面的範例中包含在載入級聯樣式表（Cascading Style Sheets, CSS）依賴項，但非常重要的是，要牢記這個方法會有一些注意事項，例如無法確定 CSS 何時會完全載入。根據建構程序的方式，它還可能導致 CSS 作為依賴項而包含在已優化檔案中；因此，在這種情況下請謹慎使用 CSS 作為載入的依賴項。如果您有興趣這樣做，可以探索 @VIISON 的 RequireJS CSS 外掛程式[9]。

---

9 *https://oreil.ly/PrLim*

這個範例可以簡單視為 `requirejs(["app/myModule"], function(){})`，它指出正在使用載入器的頂層全域變數，也就是使用不同 AMD 載入器來啟動模組頂層載入的方法。但是，如果把 `define()` 函數作為本地的要求來傳遞，則所有 `require([])` 範例都適用於兩種類型的載入器：curl.js 和 RequireJS（範例 10-5 和 10-6）。

範例 *10-5* 使用 *RequireJS* 來載入 *AMD* 模組

```
require(["app/myModule"],

    function( myModule ){
        // 啟動主模組，然後它會
        // 載入其他模組
        var module = new myModule();
        module.doStuff();
});
```

範例 *10-6* 使用 *curl.js* 來載入 *AMD* 模組

```
curl(["app/myModule.js"],

    function( myModule ){
        // 啟動主模組，然後它會
        // 載入其他模組
        var module = new myModule();
        module.doStuff();

});
```

以下是具有延遲依賴項模組的程式碼：

```
<pre xmlns="http://www.w3.org/1999/xhtml" id="I_programlisting11_id234274"
data-type="programlisting" data-code-language="javascript">


// 這可以與 jQuery 的延遲實作、
// futures.js（語法略微不同）或
// 多種其他實作相容

define(["lib/Deferred"], function( Deferred ){
    var defer = new Deferred();

    require(["lib/templates/?index.html","lib/data/?stats"],
        function( template, data ){
            defer.resolve( { template: template, data:data } );
        }
```

```
    );
    return defer.promise();
});

</pre>
```

正如前面幾節中看到的，設計模式可以非常有效地改善建構共同發展問題的解決方案。John Hann[10] 提供了一些關於 AMD 模組設計模式的精彩演講，其中涵蓋 Singleton、Decorator、Mediator 等，強烈建議您查看他的投影片[11]。

帶有 jQuery 的 AMD 模組

jQuery 只帶有一個檔案。然而，考慮到該程式庫基於外掛程式的特性，這裡可以示範要定義一個使用它的 AMD 模組有多簡單：

```
// app.js.baseURl 中的程式碼被設定為 lib 資料夾
// 其中包含 jquery、jquery.color 和 lodash 檔案。
define(["jquery","jquery.color","lodash"], function( $, colorPlugin, _ ){
    // 這裡傳入了 jQuery、顏色外掛程式和 Lodash
    // 這些都無法在全域作用域內存取，
    // 但可以如下簡單地進行參照。

    // 對顏色陣列進行偽隨機化，
    // 選擇洗亂陣列中的第一項
    var shuffleColor = _.first( _.shuffle(["#AAA","#FFF","#111","#F16"]));
    console.log(shuffleColor);

    // 使用隨機顏色對頁面上「item」類別的
    // 任何元素的背景顏色進行動畫處理
    $( ".item" ).animate( {"backgroundColor": shuffleColor } );

    // 其他模組可以使用傳回的內容
    return function () {};
});
```

但是，此範例中缺少一些內容，也就是註冊（registration）概念。

---

10 *https://oreil.ly/SrQI5*

11 *https://oreil.ly/7koME*

將 jQuery 註冊為 async 相容模組

jQuery 1.7 中的關鍵特性之一，是支援把 jQuery 註冊為非同步模組。許多相容的腳本載入器，包括 RequireJS 和 curl，都能夠使用非同步模組格式來載入模組，這意味著輕輕鬆鬆，就能讓事情正常運作。

如果開發人員想要使用 AMD，並且不希望這個 jQuery 版本洩漏到全域空間，就應該在他們使用 jQuery 的頂層模組中呼叫 noConflict。此外，由於多個版本的 jQuery 可以同時存在一個頁面上，因而 AMD 載入器必須考慮到一些特殊的考量點，所以 jQuery 只會向識別出這些問題的 AMD 載入器註冊，它們是由指明了 define.amd.jQuery 的載入器來指出；RequireJS 和 curl 就是兩個這樣做的載入器。

這裡提到的 AMD，為大多數使用案例提供強大而安全的依靠（safety blanket）：

```
// 考慮到文件中存在多個全域 jQuery 實例，
// 以備測試 .noConflict() 之用

var jQuery = this.jQuery || "jQuery",
$ = this.$ || "$",
originaljQuery = jQuery,
original$ = $;

define(["jquery"] , function ( $ ) {
    $( ".items" ).css( "background","green" );
    return function () {};
});
```

為什麼編寫模組式 JavaScript 時，AMD 是比較好的選擇？

在看過幾個程式碼範例後，可以瞭解 AMD 的能力；它似乎不僅僅是一個典型的 Module 模式，但為什麼就模組式應用程式開發來說，它是比較好的選擇呢？

- 它對如何定義靈活的模組這件事提供明確的建議。
- 它比許多人目前所依賴的全域命名空間和 <script> 標記解決方案乾淨得多。它有一種乾淨的方法，來宣告它們可能會具有的獨立模組和依賴項。
- 封裝模組定義，能避免污染全域命名空間。
- 說起來，它比一些替代解決方案，例如馬上就要介紹的 CommonJS 運作得更好。它沒有跨領域、本地端或除錯問題，也不依賴於使用伺服器端工具。大多數 AMD 載入器都支援在瀏覽器中載入模組而無需建構過程。

- 它提供一種「傳輸」方法，用於在單一檔案中包含多個模組。CommonJS 等其他方法尚未就傳輸格式達成一致。
- 必要的話，它可以惰性地載入腳本。

大多數提到的要點，對於 YUI 的模組載入策略來說都很有效。

AMD 的相關閱讀

- The RequireJS Guide to AMD（*https://oreil.ly/uPEJg*）
- What's the Fastest Way to Load AMD Modules?（*https://oreil.ly/Z04H9*）
- AMD vs. CommonJS, What's the Better Format?（*https://oreil.ly/W4Fqi*）
- The Future Is Modules Not Frameworks（*https://oreil.ly/A9S7c*）
- AMD No Longer a CommonJS Specification（*https://oreil.ly/Tkti9*）
- On Inventing JavaScript Module Formats and Script Loaders（*https://oreil.ly/AB01l*）
- The AMD Mailing List（*https://oreil.ly/jdTYO*)

支援 AMD 的腳本載入器和框架

在瀏覽器中：

- RequireJS（*https://oreil.ly/Ri_9R*）
- curl.js（*https://oreil.ly/fi105*）
- Yabble（*https://oreil.ly/oBWDi*）
- PINF（*https://oreil. ly/C28-D*）
- 還有更多

伺服器端：

- RequireJS（*https://oreil.ly/Ri_9R*）
- PINF（*https://oreil.ly/TJldu*）

AMD 結論

在多個專案中使用 AMD 之後我得到的結論是，那些建立嚴肅應用程式的開發人員，可能會希望從更好的模組格式中獲得這些特性，而 AMD 能滿足這個需求，不用擔心全域變數的需要、支援命名模組、也不需要伺服器轉換來執行，並且可以愉悅的用在依賴項管理。

它也是使用 Backbone.js、ember.js 或其他結構型框架以進行模組式開發時，保持應用程式井井有條的絕對加分作法。

由於 AMD 在 Dojo 和 CommonJS 世界中的廣泛討論，可想而知它有足夠時間成熟和發展。再說，許多大公司，如 IBM、BBC iPlayer 都已在實務上實際測試過它，以建構重要的應用程式；因此，如果它無法發揮作用，這些公司很可能就會放棄它，但這些事並沒有發生。

換句話說，AMD 當然還有可以改進的地方。使用該格式一段時間的開發人員可能會覺得 AMD 樣板檔案／包裝程式碼是一項煩人的額外負擔。雖然我也深有同感，但諸如 Volo[12] 之類別的工具就可以幫忙解決這些問題，總之，整體而言，我認為使用 AMD 的利大於弊。

CommonJS

CommonJS 模組提案指明了一個用於在伺服器端宣告模組的簡單 API，和 AMD 不同，它試圖涵蓋更廣泛的問題，例如 I/O、檔案系統、promise 等。

一開始，Kevin Dangoor 在 2009 年啟動的專案稱它為 ServerJS，該格式後來由 CommonJS [13] 正式化，CommonJS 是一個旨在設計、原型化和標準化 JavaScript API 的志工群組。他們試圖認可模組 [14] 和套件 [15] 兩者的標準。

12 *https://oreil.ly/TLSYv*

13 *https://oreil.ly/EUFt3*

14 *https://oreil.ly/v_hsu*

15 *https://oreil.ly/Trgzj*

入門

從結構的角度來看，CommonJS 模組是一個可重用的 JavaScript 片段，它匯出可供任何依賴程式碼使用的特定物件。和 AMD 不同，此類模組通常沒有函數包裝器（wrapper），例如，此處不會看到 define。

CommonJS 模組包含兩個主要部分：一個名為 exports 的自由變數，它包含了一個模組希望讓其他模組可用的物件，以及一個 require 函數，模組可以使用它來匯入其他模組的匯出，如範例 10-7、10- 8 和 10-9。

範例 *10-7* 解 *CommonJS*：require() 和 exports

```
// package/lib 是我們需要的依賴項
var lib = require("package/lib");

// 我們模組的行為
function foo() {
  lib.log("hello world!");
}

// 匯出（暴露）foo 給其他模組
exports.foo = foo;
```

範例 *10-8* exports 的基本使用

```
// 匯入包含 foo 函數的模組
var exampleModule = require("./example-10-9");

// 使用來自匯入模組的 'foo' function
exampleModule.foo();
```

範例 10-8 首先使用 require() 函數從範例 10-7 中匯入包含 foo 函數的模組；然後，藉由使用 exampleModule.foo()，從匯入的模組呼叫 foo 函數以使用它。

範例 *10-9* 第一個 *CommonJS* 範例的 *AMD* 等價物

```
// CommonJS 模組開始
// CommonJS 範例的 AMD- 等價物
// AMD 模組格式
define(function(require){
var lib = require( "package/lib" );
```

```
// 模組的一些行為
function foo(){
   lib.log( "hello world!" );
}

// 匯出（暴露）foo 給其他模組
return {
   foobar: foo
};
});
```

只要 AMD 支援簡化的 CommonJS 包裝[16] 功能，就能完成。

使用多重依賴項

app.js：

```
var modA = require( "./foo" );
var modB = require( "./bar" );

exports.app = function(){
    console.log( "Im an application!" );
}

exports.foo = function(){
    return modA.helloWorld();
}
```

bar.js：

```
exports.name = "bar";
```

foo.js：

```
require( "./bar" );
exports.helloWorld = function(){
    return "Hello World!!"
}
```

16 *https://oreil.ly/IzG9s*

Node.js 中的 CommonJS

ES 模組格式已經成為用來封裝 JavaScript 程式碼以供重用的標準格式，但 CommonJS 是 Node.js 中的預設格式。CommonJS 模組是 Node.js 套件化 JavaScript 程式碼的原始方式[17]，儘管從 13.2.0 版本開始，Node.js 已經穩定支援 ES 模組。

Node.js 預設將以下情況視為 CommonJS 模組：

- 副檔名為 *.cjs* 的檔案
- 當最近的父級 *package.json* 檔案包含具有值為 *commonjs* 的頂層欄位 *type* 時，檔案的副檔名為 *.js*
- 當最近的父級 *package.json* 檔案不包含頂層欄位 *type* 時，檔案副檔名為 *.js*
- 副檔名不是 *.mjs*、*.cjs*、*.json*、*.node* 或 *.js* 的檔案

呼叫 `require()` 一直都使用 `CommonJS` 模組載入器，而呼叫 `import()` 則固定使用 ECMAScript 模組載入器，不管最近的父級 *package.json* 中所配置的類型值如何。

許多 Node.js 程式庫和模組都以 CommonJS 編寫。在瀏覽器支援方面，所有主流瀏覽器都支援 ES 模組語法，您可以在 React 和 Vue.js 等框架中使用匯入／匯出。這些框架使用了 Babel 之類的轉譯器，把匯入／匯出語法編譯為 `require()`，這是較舊的 Node.js 版本所原生支援的；如果您在 Node.js 中執行程式碼，使用 ES6 模組語法編寫的程式庫會在後台轉換為 CommonJS。

CommonJS 適合瀏覽器嗎？

有些開發人員認為 CommonJS 更適合伺服器端開發，這也是在 ES2015 之前，業界對於應該使用 AMD 還是 CommonJS 作為標準這件事會存在分歧的原因之一。反對 CommonJS 的論點在於，許多 CommonJS API 使用了無法在瀏覽器層級用 JavaScript 來實作的伺服器導向特性，例如 *io*、*system* 和 *js*，會因其功能性質而認定為無法實作。

無論如何，瞭解構造 CommonJS 模組的方法很實用，這樣就能更加理解它們在定義可能會隨處使用的模組時要如何適應。客戶端和伺服器上的應用程式模組包括驗證、轉換和

---

17 *https://oreil.ly/4Bh_O*

模版化引擎，當模組可以在伺服器端環境中使用時，一些開發人員會選中 CommonJS 來選擇要使用的格式；不行的話，則使用 AMD 或 ES2015。

ES2015 和 AMD 模組可以定義更細化的東西，比如建構子和函數；CommonJS 模組則只能定義物件，要是試圖從中獲取建構子，使用起來就會很吃力。對於 Node.js 中的新專案而言，ES2015 模組在伺服器上提供了 CommonJS 的替代方案，並確保語法與客戶端程式碼相同。因此，它為同構（isomorphic）JavaScript 建立一條更簡單的路徑，讓它可以在瀏覽器或伺服器上執行。

儘管這超出本節範圍，但您可能已經注意到，討論 AMD 和 CommonJS 時都曾提到不同類型的 `require` 方法，類似命名慣例的問題是會導致混亂，並且社群因全域 `require` 函數的優點而意見分歧。對此，John Hann 建議，不要稱它為 `require`，這可能無法達成告知使用者全域和內部 `require` 之間差異的這個目標，把全域載入器方法重新命名，例如程式庫的名字會比較有道理。正因如此，像 curl.js 這樣的載入器就使用 `curl()`，而非 `require`。

CommonJS 的相關閱讀

- JavaScript Growing Up（*https://oreil.ly/NeuFT*）
- The RequireJS Notes on CommonJS（*https://oreil.ly/Nb-5e*）
- Taking Baby Steps with Node.js and CommonJS—Creating Custom Modules（*https://oreil.ly/ZpO5u*）
- Asynchronous CommonJS Modules for the Browser（*https://oreil.ly/gJhQA*）
- The CommonJS Mailing List（*https://oreil.ly/rL3C2*）

AMD 和 CommonJS：相互競爭，但同等有效的標準

AMD 和 CommonJS 兩者都是有效模組格式，只是具有不同的終極目標。

AMD 採用瀏覽器優先的開發方法，選擇非同步行為和簡化的向後相容性，但它沒有任何檔案 I/O 的概念。它支援在瀏覽器中原生執行的物件、函數、建構子、字串、JSON 和許多其他類型的模組，非常有彈性。

另一方面，CommonJS 採用伺服器優先的方法，假定同步行為，沒有全域包袱（*baggage*），並試圖（在伺服器上）迎合未來。也就是說，因為 CommonJS 支援未包裝的模組，感覺上它更接近 ES2015+ 規範，是可以擺脫 AMD 強制執行的 `define()` 包裝器。然而，CommonJS 模組只支援作為模組的物件。

UMD：用於外掛程式的 AMD 和 CommonJS 相容模組

對於那些希望建立可在瀏覽器和伺服器端環境中工作的模組開發人員來說，可能一時間沒有解決方案。為了有效緩解這種情況，我和 James Burke 及其他幾位開發人員建立了通用模組定義（Universal Module Definition, UMD）[18]。

UMD 是一種實驗性模組格式，它允許使用撰寫此書時所有或大部分可用的流行腳本載入技術，來定義在客戶端和伺服器環境中工作的模組。儘管有另一種模組格式的想法可能令人望而生畏，但為了通盤考量，以下將簡要介紹 UMD。

可藉由查看 AMD 規範中所支援的簡化 CommonJS 包裝器來定義 UMD。希望把模組編寫成 CommonJS 模組的開發人員，可以使用以下 CommonJS 相容格式：

基本的 AMD 混合格式

```
define( function ( require, exports, module ){

    var shuffler = require( "lib/shuffle" );

    exports.randomize = function( input ){
        return shuffler.shuffle( input );
    }
});
```

然而，要注意的是，如果一個模組不包含依賴項陣列，並且定義函數至少包含一個參數，則實際上只會將它視為 CommonJS 模組，在某些設備例如 PS3 上也無法正常運作。有關包裝器的更多資訊，請參閱 RequireJS 說明文件 [19]。

更進一步，希望提供幾種與 AMD 和 CommonJS 一起工作的不同模式，並希望解決那些開發此類模組的開發人員，也會在其他環境中遇到的典型相容性問題。

18 *https://oreil.ly/HaHHJ*

19 *https://oreil.ly/7A9k6*

接下來會看到一個這樣的變體，讓我們可以使用 CommonJS、AMD 或瀏覽器全域變數來建立一個模組。

使用 CommonJS、AMD 或瀏覽器全域變數建立模組

定義一個模組 commonJsStrict，它依賴於另一個名為 b 的模組。檔案名稱能暗示模組名稱，最好讓檔案名稱和匯出的全域名稱同名。

如果模組 b 在瀏覽器中也使用相同的樣板類型，它將會建立一個全域的 .b 來使用。如果不希望支援瀏覽器全域修補程式（patch），可以移除 root，並把 this 當作是第一個參數，傳遞給 top 函數：

```
(function ( root, factory ) {
    if ( typeof exports === 'object' ) {
        // CommonJS
        factory( exports, require('b') );
    } else if ( typeof define === 'function' && define.amd ) {
        // AMD. 註冊為匿名模組
        define( ['exports', 'b'], factory);
    } else {
        // 瀏覽器全域變數
        factory( (root.commonJsStrict = {}), root.b );
    }
}(this, function ( exports, b ) {
    // 用某種方式使用 b。

    // 附加屬性到匯出物件以定義
    // 匯出的模組屬性。
    exports.action = function () {};
}));
```

UMD 儲存庫包含各種變體，涵蓋在瀏覽器中運作最佳的模組、最適合提供匯出的模組、最適合 CommonJS 執行時的模組、甚至最適合定義 jQuery 外掛程式的模組，接下來就來查看這些模組。

適用於所有環境的 jQuery 外掛程式

UMD 提供兩種使用 jQuery 外掛程式的模式：一種定義適用於 AMD 和瀏覽器全域變數的外掛程式，另一種則適用於 CommonJS 環境。在大多數 CommonJS 環境中，不太可能使用 jQuery，請謹記這一點，除非找到一個能夠良好運作的環境，再來使用它。

以下現在將定義一個由核心和此核心擴展所組成的外掛程式。將核心外掛程式載入到 `$.core` 命名空間中，然後透過命名空間模式，使用外掛程式來輕鬆擴展。透過 `script` 標記來載入的外掛程式，會自動填充在 `core` 下的外掛程式名稱空間，也就是 `$.core.plugin.methodName()`。

該模式很好用，因為外掛程式擴展可以存取在基底中定義的屬性和方法，或者透過一些調整之後，可以覆寫預設行為，以便可以擴展它來做更多事情。載入器也不需要讓這些功能完全發揮作用。

想知道正在執行操作的更多詳細資訊，請參閱這些程式碼範例中的內聯註釋。

usage.html：

```
<script type="text/javascript" src="jquery.min.js"></script>
<script type="text/javascript" src="pluginCore.js"></script>
<script type="text/javascript" src="pluginExtension.js"></script>

<script type="text/javascript">

$(function(){

    // 在本例中，外掛程式「core」暴露在 core 命名空間下，
    // 會先對其快取
    var core = $.core;

    // 然後使用一些內建的核心功能
    // 將頁面中的所有 div 突顯為黃色
    core.highlightAll();

    // 存取載入到核心模組的「plugin」
    // 命名空間中的外掛程式（擴展）：

    // 將頁面中的第一個 div 設定為綠色背景。
    core.plugin.setGreen( "div:first");
    // 在這裡，在其後載入的外掛程式中
    // 使用了核心的「突顯」方法

    // 將最後一個 div 設定為核心模組／外掛程式中定義的「errorColor」屬性。
    // 如果進一步查看程式碼，
    // 可以看到在核心和其他外掛程式之間使用屬性和方法有多容易
    core.plugin.setRed("div:last");
});

</script>
```

pluginCore.js：

```
// 模組／外掛程式核心
// 注意：在模組周圍看到的包裝器程式碼
// 能夠透過把定義的參數映射到特定格式所期望出現的
// 來支援多種模組格式和規範。實際模組功能定義在更下面，
// 其中示範了命名模組和匯出。
//
// 請注意，如果需要，可以很容易地宣告依賴項
// 並且應該像之前在 AMD 模組範例中所示範的那樣工作。

(function ( name, definition ){
  var theModule = definition(),
      // 這可以認定為「安全的」：
      hasDefine = typeof define === "function" && define.amd,
      hasExports = typeof module !== "undefined" && module.exports;

  if ( hasDefine ){ // AMD 模組
    define(theModule);
  } else if ( hasExports ) { // Node.js 模組
    module.exports = theModule;
  } else { // 指派給一般命名空間或就是全域物件（視窗）
    ( this.jQuery || this.ender || this.$ || this)[name] = theModule;
  }
})( "core", function () {
    var module = this;
    module.plugins = [];
    module.highlightColor = "yellow";
    module.errorColor = "red";

  // 此處定義核心模組並傳回公共 API

  // 這是核心 highlightAll() 方法使用的突顯方法
  // 所有外掛程式都以不同顏色來突顯元素
  module.highlight = function( el,strColor ){
    if( this.jQuery ){
      jQuery(el).css( "background", strColor );
    }
  }
  return {
      highlightAll:function(){
        module.highlight("div", module.highlightColor);
      }
  };

});
```

pluginExtension.js：

```
// 模組核心的擴展

(function ( name, definition ) {
    var theModule = definition(),
        hasDefine = typeof define === "function",
        hasExports = typeof module !== "undefined" && module.exports;

    if ( hasDefine ) { // AMD 模組
        define(theModule);
    } else if ( hasExports ) { // Node.js 模組
        module.exports = theModule;
    } else {

        // 指派給一般命名空間或就是全域物件（視窗）
        // 考慮平面檔案／全域模組擴展
        var obj = null,
            namespaces,
            scope;

        obj = null;
        namespaces = name.split(".");
        scope = ( this.jQuery || this.ender || this.$ || this );

        for ( var i = 0; i < namespaces.length; i++ ) {
            var packageName = namespaces[i];
            if ( obj && i == namespaces.length - 1 ) {
                obj[packageName] = theModule;
            } else if ( typeof scope[packageName] === "undefined" ) {
                scope[packageName] = {};
            }
            obj = scope[packageName];
        }

    }
})( "core.plugin" , function () {

    // 在這裡定義模組並傳回公共 API。
    // 此程式碼可以輕鬆地和核心相適應，
    // 以允許覆寫和擴展核心功能的方法
    // 以便擴展突顯方法以執行更多操作（如果要的話）。
    return {
        setGreen: function ( el ) {
            highlight(el, "green");
        },
```

```
        setRed: function ( el ) {
            highlight(el, errorColor);
        }
    };

});
```

UMD 的目的不是要取代 AMD 或 CommonJS，而只是希望讓這些程式碼，可以在目前的運行環境中，對開發人員提供更多補充和幫助。有關更多資訊或對此實驗性格式提出建議，請參閱此 GitHub 頁面[20]。

UMD 和 AMD 的相關閱讀

- Using AMD Loaders to Write and Manage Modular JavaScript（*https://oreil.ly/Zgs_G*）
- AMD Module Patterns: Singleton（*https://oreil.ly/IP22B*）
- Standards and Proposals for JavaScript Modules and jQuery（*https://oreil.ly/I-3jy*）

總結

本節回顧在 ES2015+ 之前使用不同模組格式來編寫模組式 JavaScript 的幾個選項。

與單獨使用 Module 模式相比，這些格式有幾個優點，包括避免管理全域變數的需要、更能支援靜態和動態依賴管理、改進與腳本載入器的相容性、改善的伺服器模組相容性等等。

在結束對經典設計和架構模式的討論之前，下一章的命名空間模式會先談談可以應用模式來建構和組織 JavaScript 程式碼的領域。

20 *https://oreil.ly/H2pUf*

第 11 章

命名空間化模式

本章將探討 JavaScript 中命名空間（namespacing）的模式。命名空間（namespace）可以視為是在唯一識別符之下的程式碼單元的邏輯分組，您可以在許多命名空間中參照識別符，每個識別符都可以包含巢套（或子）命名空間的階層。

應用程式開發時，會出於許多重要原因而使用命名空間。JavaScript 命名空間能避免和全域命名空間中的其他物件或變數產生衝突（*collision*），還可以方便地幫忙組織程式碼庫中的功能塊，以便更輕鬆地參照和使用該程式碼庫。

為任何嚴肅腳本或應用程式建立命名空間是如此重要，因為它能夠保護程式碼不會因為在頁面上的另一個腳本使用**相同**變數或方法名稱，而導致中斷。由於大量的**第三方**標記會定期注入頁面，這可能是許多人在職業生涯的某個階段都需要解決的常見問題。身為全域命名空間一個行為端正的「公民」，當然必須盡最大努力，讓其他開發人員的腳本不會因為同樣問題而無法執行。

雖然 JavaScript 不像其他語言那樣內建對命名空間的支援，但它也的確具有可用來達成類似效果的物件和閉包。

命名空間基礎

您幾乎可以在任何嚴肅的 JavaScript 應用程式中找到命名空間。除非使用的是簡單的程式碼片段，不然都必須盡最大努力確保實作命名空間的方式是正確的，因為它不僅容易上手，還會避免第三方程式碼破壞我們自己的程式碼。本節將檢查的模式為：

- 單一全域變數（single global variable）
- 字首命名空間（prefix namespacing）
- 物件文字標記法（object literal notation）
- 巢套命名空間（nested namespacing）
- 立即呼叫函數（immediately invoked function）
- 運算式（expression）
- 命名空間注入（namespace injection）

單一全域變數

JavaScript 命名空間的一種流行模式，是選擇單一全域變數作為主要參照物件。這裡是一個實作的骨幹，會在其中傳回一個具有函數和屬性的物件：

```
const myUniqueApplication = (() => {
  function myMethod() {
    // 程式碼
    return;
  }

  return {
    myMethod,
  };
})();

// 用法
myUniqueApplication.myMethod();

// 在此更新的範例中，使用立即呼叫的函數運算式（IIFE）
// 來為應用程式建立一個唯一的命名空間，
// 該命名空間儲存在 myUniqueApplication 變數中。
// IIFE 會傳回一個具有函數和屬性的物件，
// 可以使用點符號來存取它們
//（例如，myUniqueApplication.myMethod()）。
```

雖然這適用於某些情況，但單一全域變數模式的最大挑戰，是要確保沒有其他人使用和我們在頁面上相同的全域變數名稱。

字首命名空間

正如 Peter Michaux[1] 所指出，前面提到問題的解決方案，是使用字首命名空間。這在本質上是一個簡單概念，想法是選擇一個希望使用的唯一字首命名空間，如本例的 `myApplication_`，然後在字首之後去定義任何的方法、變數或其他物件，如下所示：

```
const myApplication_propertyA = {};
const myApplication_propertyB = {};
function myApplication_myMethod(){   //...
}
```

這有效地減少了特定變數存在於全域作用域內的機會，但請記住，唯一命名的物件可以產生相同的效果。

除此之外，該模式的最大問題是，一旦應用程式增長，它可能會產生許多全域物件，還會嚴重依賴那些全域命名空間中其他開發人員尚未使用的字首；因此，如果選擇要使用它，請務必小心。

Peter 還有其他關於單一全域變數模式的更多觀點，可以閱讀他的精彩貼文[2]。

物件文字標記法

Module 模式小節中，曾介紹過物件文字標記法，可以將它視為是一個包含鍵值對（key-value pair）集合的物件，每對鍵和值以冒號來分隔，其中的鍵也可以表達新的命名空間：

```
const myApplication = {

    // 正如所見，可以輕鬆地定義
    // 這個物件文字的功能……
    getInfo() {
      //...
    },

    // 但也可以填充它以支援
    // 包含希望的任何內容的
    // 更多物件命名空間：
```

1 *https://oreil.ly/o2dgF*

2 *https://oreil.ly/o2dgF*

```
    models : {},
    views : {
        pages : {}
    },
    collections : {}
};
```

也可以選擇直接向命名空間添加屬性：

```
myApplication.foo = () => "bar"

myApplication.utils = {
    toString() {
        //...
    },
    export() {
        //...
    }
}
```

物件文字不會污染全域命名空間，但有助於邏輯性地組織程式碼和參數，如果您希望建立一些可以擴展來支援深度巢套的易於閱讀結構，這樣會非常有用。和簡單的全域變數不同，物件文字通常會考慮進行是否存在同名變數的測試，因此會大幅降低發生衝突的可能性。

以下範例說明幾種檢查物件命名空間是否已存在的方法，如果不存在時則會定義它：

```
// 這不是檢查全域命名空間中是否存在「myApplication」。
// 這個做法不好，因為很容易
// 破壞一個現有的同名變數／命名空間
const myApplication = {};

// 以下選項 * 真的會 * 檢查變數／命名空間是否存在。
// 如果已經定義，就使用那個實例，否則指派一個新的
// 物件文字給 myApplication。
//
// 選項 1：var myApplication = myApplication || {};
// 選項 2：if( !MyApplication ){ MyApplication = {} };
// 選項 3：window.myApplication || ( window.myApplication = {} );
// 選項 4：var myApplication = $.fn.myApplication = function() {};
// 選項 5：var myApplication = myApplication === undefined ? {} :
// myApplication;
```

開發人員最常選擇選項 1 或選項 2，兩者都很簡單，而且結果是一樣的。

選項 3 假設您在全域命名空間中工作，但它也可以寫成：

```
myApplication || (myApplication = {});
```

此變體假定 myApplication 已經初始化，因此它只適用於參數／引數情境，如以下範例所示：

```
function foo() {
  myApplication || ( myApplication = {} );
}

// myApplication 還沒有被初始化，
// 因此 foo() 丟出一個 ReferenceError

foo();

// 然而會接受 myApplication
// 作為引數

function foo( myApplication ) {
  myApplication || ( myApplication = {} );
}

foo();

// 即使 myApplication === undefined，也沒有錯誤
// 並且 myApplication 正確設定為 {}
```

選項 4 可以幫忙編寫 jQuery 外掛程式，其中：

```
// 如果要定義一個新的外掛程式 ...
var myPlugin = $.fn.myPlugin = function() { ... };

// 然後稍後不必鍵入：
$.fn.myPlugin.defaults = {};

// 而是這樣做：
myPlugin.defaults = {};
```

這樣會壓縮得更好（縮小）並可以節省作用域查找。

選項 5 和選項 4 有點相似，但它是一種長形式，用於評估 myApplication 是否為 undefined 內聯，如果不是，則定義為物件；如果是，則將其設定為 myApplication 的目前值。

會展示它只是為了要完整顯示，但在大多數情況下，選項 1-4 足以滿足大多數需求。

當然，物件文字用在組織和結構化程式碼的方式和地方有著很大差異。若是希望為特定的自封閉（self-enclosed）模組來揭露巢套式 API 的小型應用程式，您可能會發現自己正在使用本書前面已經介紹過的 Revealing Module 模式：

```
const namespace = (() => {
    // 在本地定義域內定義
    const privateMethod1 = () => { /* ... */ };

    const privateMethod2 = () => { /* ... */ };
    privateProperty1 = "foobar";

    return {

        // 這裡傳回的物件文字可以有任意的巢套深度；
        // 然而，如前所述，依我個人意見，
        // 這種做事方式最適用於較小的、
        // 作用域有限的應用程式
        publicMethod1: privateMethod1,

        // 具有公共屬性的巢套命名空間
        properties:{
            publicProperty1: privateProperty1
        },

        // 另一個測試的命名空間
        utils:{
            publicMethod2: privateMethod2
        }
        ...
    }
})();
```

這裡使用物件文字的好處是，它提供一種非常優雅的鍵 - 值語法，能夠輕鬆地為應用程式封裝所有不同的邏輯或功能，以一種明確方式，將其和其他邏輯或功能分開，並且為擴展程式碼提供了堅實的基礎：

```
const myConfig = {

    language: "english",

    defaults: {
        enableGeolocation: true,
        enableSharing: false,
```

```
            maxPhotos: 20
        },

        theme: {
            skin: "a",
            toolbars: {
                index: "ui-navigation-toolbar",
                pages: "ui-custom-toolbar"
            }
        }

    };
```

請注意，JSON 是物件文字標記法的一個子集合，它和前面的程式碼只有很小的語法差異，例如，JSON 的鍵必須是字串。不管是為了什麼原因，只要想使用 JSON 來儲存配置資料，例如發送到後端時可以簡單儲存，都可以隨意使用。

巢套命名空間

Object Literal 模式的擴展是巢套命名空間（nested namespacing），這是另一種提供較低衝突風險的常見模式，因為即使命名空間已經存在，也不太可能存在相同的巢套子級。

例如：

```
YAHOO.util.Dom.getElementsByClassName("test");
```

Yahoo! 的 YUI 程式庫舊版本經常使用 Nested Object Namespacing 模式，在我擔任 AOL 工程師期間，也在許多大型應用程式中使用此模式。巢套命名空間的範例實作可如下所示：

```
const myApp =  myApp || {};

// 在定義巢套子級時執行類似的存在性檢查
myApp.routers = myApp.routers || {};
myApp.model = myApp.model || {};
myApp.model.special = myApp.model.special || {};

// 巢套命名空間可以根據需要而變得複雜：
// myApp.utilities.charting.html5.plotGraph(/*..*/);
// myApp.modules.financePlanner.getSummary();
// myApp.services.social.facebook.realtimeStream.getLatest();
```

此程式碼和 YUI3 處理命名空間的方式不同。YUI3 模組使用沙盒化 API 主機物件，其命名空間較少且淺得多。

也可以選擇把新的巢套命名空間／屬性宣告為索引式屬性，如下所示：

```
myApp["routers"] = myApp["routers"] || {};
myApp["models"] = myApp["models"] || {};
myApp["controllers"] = myApp["controllers"] || {};
```

這兩個選項都是可讀且有組織的，並提供一種相對安全的命名空間方式來替應用程式命名，類似於其他語言中可能已經習慣的方式。唯一真正需要注意的是，它需要瀏覽器的 JavaScript 引擎先去定位 myApp 物件，然後向下挖掘直到找到實際希望使用的函數。

這可能意味著執行查找會更耗工；然而，像 Juriy Zaytsev[3] 這樣的開發者之前已經測試過，並發現單一物件命名空間和「巢套」方法之間的效能差異可以忽略不計。

立即呼叫函數運算式

本書先前曾經簡要介紹立即呼叫函數運算式（immediately invoked function expression, IIFE）的概念；IIFE[4] 實際上是一個未命名的函數，定義後會立即呼叫它。如果它聽起來很熟悉，那是因為您之前可能遇到過所謂的自執行（self-executing）或自呼叫（self-invoked）anonymous 函數的它。但是，我覺得 Ben Alman 對 IIFE 的命名更為準確，在 JavaScript 中，因為這樣的上下文中外顯式定義變數和函數，都只能在它內部存取，因此函數呼叫提供一種提供隱私的簡單方法。

IIFE 是一種流行的封裝應用程式邏輯的方法，以保護它免受全域命名空間影響，但它在命名空間的世界自有其用途。

以下是 IIFE 的範例：

```
//（匿名的）立即呼叫函數運算式
(() => { /*...*/})();

// 命名的立即呼叫函數運算式
(function foobar () { /*..*/}());
```

3 *https://oreil.ly/hxJnZ*

4 *https://oreil.ly/KSspI*

```
// 從技術上講，這是一個完全不同的自執行函數
function foobar () { foobar(); }
```

第一個範例稍微擴展的版本可能如下所示：

```
const namespace = namespace || {};

// 這裡命名空間物件被作為函數參數來傳遞，
// 為它指派公共方法和屬性
(o => {
    o.foo = "foo";
    o.bar = () => "bar";
})(namespace);

console.log( namespace );
```

雖然具有可讀性，但此範例可以明顯擴展，以解決常見的開發問題，例如定義的隱私等級（公共／私有函數和變數），以及方便的命名空間擴展。讓我們再看一些程式碼：

```
// namespace（命名空間名稱）和 undefined 在這裡傳遞
// 以確保：1. namespace 可以在本地端被修改並且不會
// 在函數上下文之外被覆寫；
// 2. undefined 的值保證是真正的未定義。
// 這是為了避免 undefined 在 ES5 之前成為可變的這個問題。

;((namespace, undefined) => {
    // 私有屬性
    const foo = "foo";

    const bar = "bar";

    // 公共方法與屬性
    namespace.foobar = "foobar";
    namespace.sayHello = () => {
        speak( "hello world" );
    };

    // 私有方法
    function speak(msg) {
        console.log( `You said: ${msg}` );
    };

    // 檢查以評估「namespace」是否存在於全域命名空間——
    // 如果沒有，則為 window.namespace 指派一個物件文字
})(window.namespace = window.namespace || {});
```

```
// 然後我們可以測試我們的屬性和方法，如下所示

// 公共

// 輸出：foobar
console.log( namespace.foobar );

// 輸出：hello world
namespace.sayHello();

// 指派新屬性
namespace.foobar2 = "foobar";

// 輸出：foobar
console.log( namespace.foobar2 );
```

可擴展性當然是任何可擴展命名空間模式的關鍵，並且可以使用 IIFE 來輕鬆達成這一點。在下面的例子中，「命名空間」再次作為參數而傳遞給匿名函數，然後擴展（或修飾）了額外的功能：

```
// 用新功能來擴展命名空間
((namespace, undefined) => {

    // 公共方法
    namespace.sayGoodbye = () => {
        console.log( namespace.foo );
        console.log( namespace.bar );
        speak( "goodbye" );
    }
})(window.namespace = window.namespace || {});

// 輸出：goodbye
namespace.sayGoodbye();
```

如果您想瞭解此模式更多資訊，我建議閱讀 Ben 的 IIFE 貼文[5]。

5 *https://oreil.ly/KSspI*

命名空間注入

命名空間注入（namespace injection）是 IIFE 的另一種變體，使用 this 作為命名空間代理，從函數包裝器中「注入」特定命名空間的方法和屬性。這種模式提供的好處是可以輕鬆地把功能行為應用於多個物件或命名空間上，並且在應用一組稍後才會建構的基底方法，例如 getter 和 setter 時會很有用。

這種模式的缺點是，可能有更簡單或更優化的方法來達成這個目標，例如深度物件擴展或合併，可見本節先前的介紹。

接下來是這個模式的一個例子，使用它來填充兩個命名空間的行為：一個最初定義的（utils），另一個則是動態建立來作為 utils 功能指派的一部分，既一個稱為 tools 的新命名空間：

```
const myApp = myApp || {};
myApp.utils =  {};

(function () {
  let val = 5;

  this.getValue = () => val;

  this.setValue = newVal => {
      val = newVal;
  }

  // 也導入新的子命名空間
  this.tools = {};

}).apply( myApp.utils );

// 把新行為注入 tools 命名空間
// 它是透過工具程式模組定義的

(function () {
    this.diagnose = () => "diagnosis"
}).apply( myApp.utils.tools );

// 注意，同樣的擴展方法也可應用在一般的 IIFE，
// 只需把上下文作為參數傳遞
// 並修改上下文而不僅僅是「this」

// 用法：
```

```
// 輸出填充的命名空間
console.log( myApp );

// 輸出：5
console.log( myApp.utils.getValue() );

// 設定「val」的值並傳回它
myApp.utils.setValue( 25 );
console.log( myApp.utils.getValue() );

// 向下測試另一個等級
console.log( myApp.utils.tools.diagnose() );
```

Angus Croll 曾建議使用呼叫 API 來提供上下文和參數之間的自然分別[6]。這種模式感覺更像是模組建立者，但由於模組仍然提供封裝解決方案，為了完整起見，這裡將簡要介紹：

```
// 定義一個稍後可以使用的命名空間
const ns = ns || {};

const ns2 = ns2 || {};

// 模組／命名空間建立者
const creator = function( val ){

    var val = val || 0;

    this.next = () => val++;

    this.reset = () => {
        val = 0;
    }
};

creator.call( ns );

// ns.next、ns.reset 現在存在了
creator.call( ns2 , 5000 );

// ns2 包含相同的方法
// 但 val 的值被覆寫
// 為 5000
```

6 *https://oreil.ly/ eBc5N*

如前所述，這種類型的模式有助於把相似的基本功能集合指派給多個模組或命名空間。但是，我建議只在物件／閉包中外顯式地宣告功能的情況下使用它，因為直接存取沒有意義。

進階命名空間模式

現在要來探索一些進階模式和實用程式，它們在處理更廣泛的應用程式時非常有用，其中有一些需要重新考慮應用程式命名空間的傳統方法。要強調的是，我並不是在提倡把以下方法作為命名空間的唯一方式，這只是我在實務中發現的工作方式。

自動化巢套命名空間

正如之前所檢視，巢套命名空間可以為程式碼單元提供有組織的結構階層，此類命名空間的範例如下：`application.utilities.drawing.canvas.2d`。也可以使用 Object Literal 模式來擴展為：

```
const application = {
      utilities:{
          drawing:{
              canvas:{
                  paint:{
                          //...
                  }
              }
          }
      }
};
```

這種模式的一個明顯挑戰是，希望建立的每個附加層，都需要把另一個物件定義為頂層命名空間中某個父級的子級。當應用程式複雜性增加而需要多個深度時，這會變得特別費力。

如何用更好的方法解決這個問題？在《*JavaScript Patterns*》中，Stoyan Stefanov 提出一種在現有全域變數下自動定義巢套命名空間的巧妙方法，這個方法很方便，會接受單一字串參數作為巢套、剖析它、並使用所需物件來自動填充我們的基底命名空間。

他建議使用的方法如下，我已把它更新為泛用函數，以便更輕鬆地和多個命名空間一起重用：

```
// 頂級命名空間被指派了一個物件文字
const myApp = {};

// 用於解析字串命名空間和
// 自動生成巢套命名空間的便利函數
function extend( ns, ns_string ) {
    const parts = ns_string.split(".");
    let parent = ns;
    let pl;

    pl = parts.length;

    for ( let i = 0; i < pl; i++ ) {
        // 若屬性不存在時則建立它
        if ( typeof parent[parts[i]] === "undefined" ) {
            parent[parts[i]] = {};
        }

        parent = parent[parts[i]];
    }

    return parent;
}

// 用法：
// 使用深度巢套的命名空間來擴展 myApp
const mod = extend(myApp, "modules.module2");

// 輸出具有巢套深度的正確物件
console.log(mod);

// 用於檢查 mod 實例的小測試
// 也可以在 myApp 命名空間之外
// 用來當作包含了擴展的複製品

// 輸出：true
console.log(mod == myApp.modules.module2);

// 使用擴展來進一步示範
// 更簡單的巢套命名空間指派
extend(myApp, "moduleA.moduleB.moduleC.moduleD");
extend(myApp, "longer.version.looks.like.this");
console.log(myApp);
```

圖 11-1 顯示 Chrome Developer Tools 的輸出。以前必須把命名空間的各種巢套外顯式地宣告為物件，現在使用一行更簡潔的程式碼就可以輕鬆達成。

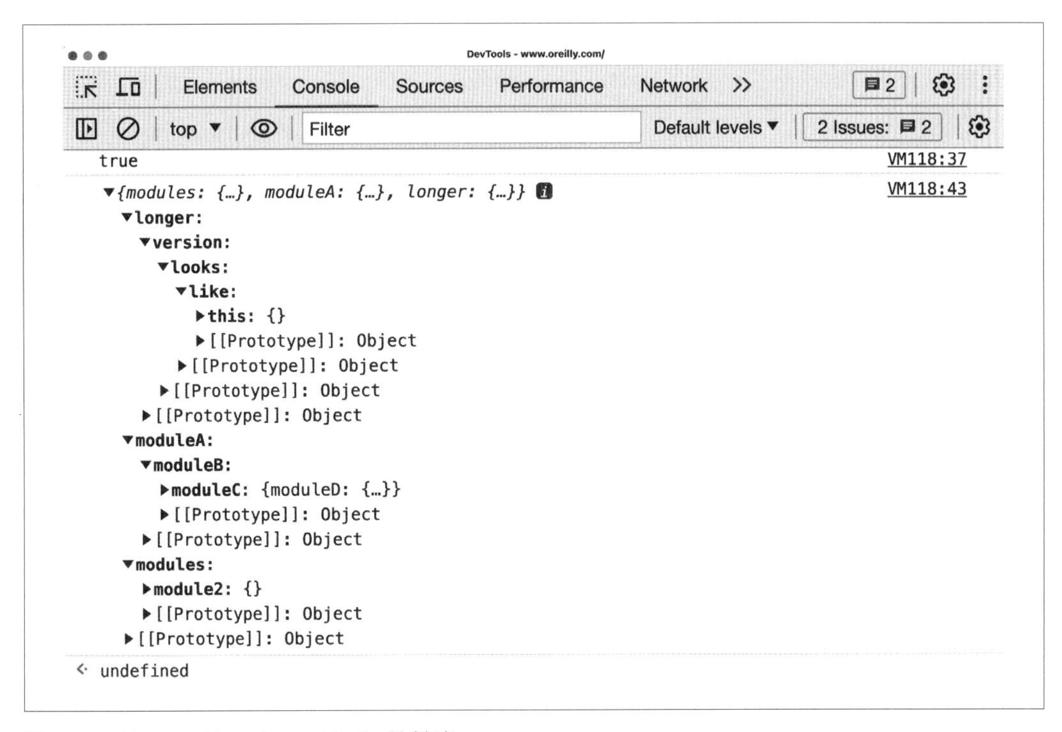

圖 11-1 Chrome Developer Tools 的輸出

Dependency Declaration 模式

現在將探索對巢套命名空間模式的一個小擴展，可稱之為 Dependency Declaration 模式。我們都知道，對物件的本地參照可以減少整體查找時間，現在將它應用於命名空間，看看它在實務上的樣子：

```
// 存取巢套命名空間的常見方法
myApp.utilities.math.fibonacci( 25 );
myApp.utilities.math.sin( 56 );
myApp.utilities.drawing.plot( 98,50,60 );

// 具有本地／快取的參照
const utils = myApp.utilities;
```

```
const maths = utils.math;
const drawing = utils.drawing;

// 更容易存取命名空間
maths.fibonacci( 25 );
maths.sin( 56 );
drawing.plot( 98, 50,60 );

// 請注意，與對巢套命名空間的數百或數千次呼叫
// 對上與對命名空間的本地參照相比，
// 這是特別高效的
```

在這裡使用區域變數幾乎總是比使用頂層全域變數例如 myApp 更快。它也比在每個後續的行中存取巢套的屬性／子命名空間更方便、效能更高，並且可以提高較複雜的應用程式的可讀性。

Stoyan 建議使用單變數模式，在函數作用域的頂部宣告函數或模組所需的本地化命名空間，並稱它為 Dependency Declaration 模式。如果有一個可擴展的架構，能在需要時動態地把模組載入到命名空間中，則它所提供的好處之一，就是讓定位依賴性並且減少解決它們的需求。

在我看來，這種模式在模組化等級工作時效果最好，把命名空間本地化以供一組方法使用。在每個函數等級本地化命名空間，尤其是在命名空間依賴項之間存在顯著重疊的情況下，我建議盡可能避免這樣做；反之，應該要進一步定義它，並存取相同的參照。

深度物件擴展

另一種自動命名空間的方法是深度物件擴展（deep object extension）。使用物件文字標記法所定義的命名空間，可以很容易地和其他物件或命名空間擴展、合併，這樣，兩個命名空間的屬性和函數就可以在合併後的同一命名空間下存取。

這是使用 JavaScript 框架相對容易完成的事情，例如，參見 jQuery 的 $.extend[7]。然而，如果希望使用傳統的 JS 來擴展物件（命名空間），以下常式（routine）可能會有所幫助：

7 *https:// oreil.ly/WDJWX*

```
// 使用 Object.assign 和遞迴進行深度物件擴展
function extendObjects(destinationObject, sourceObject) {
  for (const property in sourceObject) {
    if (
      sourceObject[property] &&
      typeof sourceObject[property] === "object" &&
      !Array.isArray(sourceObject[property])
    ) {
      destinationObject[property] = destinationObject[property] || {};
      extendObjects(destinationObject[property], sourceObject[property]);
    } else {
      destinationObject[property] = sourceObject[property];
    }
  }
  return destinationObject;
}

// 範例用法
const myNamespace = myNamespace || {};

extendObjects(myNamespace, {
  utils: {},
});

console.log("test 1", myNamespace);

extendObjects(myNamespace, {
  hello: {
    world: {
      wave: {
        test() {
          // ...
        },
      },
    },
  },
});

myNamespace.hello.test1 = "this is a test";
myNamespace.hello.world.test2 = "this is another test";
console.log("test 2", myNamespace);

myNamespace.library = {
  foo() {},
};
```

```
extendObjects(myNamespace, {
  library: {
    bar() {
      // ...
    },
  },
});

console.log("test 3", myNamespace);

const shorterNamespaceAccess = myNamespace.hello.world;
shorterNamespaceAccess.test3 = "hello again";
console.log("test 4", myNamespace);
```

此實作並非和所有物件都能跨瀏覽器相容，只能視為概念證明。Lodash.js extends() 方法[8]可能是一種更簡單、更跨瀏覽器友善的實作。

對於打算在其應用程式中使用 jQuery 的開發人員，可以使用 $.extend 達成相同的物件命名空間可擴展性，如下所示：

```
// 頂層命名空間
const myApplication = myApplication || {};

// 直接指派一個巢套命名空間
myApplication.library = {
  foo() {
    // ...
  },
};

// 深度擴展／合併這個命名空間與
// 另一個命名空間以使事情變得有趣，
// 假設它是一個具有相同名稱但具有不同函數簽名的命名空間：
// $.extend( deep, target, object1, object2 )
$.extend(true, myApplication, {
  library: {
    bar() {
      // ...
    },
  },
```

8 *https://oreil.ly/TD1-D*

```
});

console.log("test", myApplication);
```

為了完整起見，請檢查此連結：*https://oreil.ly/ZCB2C* 中，對於本節其餘命名空間實驗的 jQuery `$.extend` 的等效項。

推薦

回顧本節所探討的命名空間模式，我個人會為大多數大型應用程式選用的是使用 Object Literal 模式的 Nested Object Namespacing。可以的話，我會使用自動巢套命名空間來實作這一點，當然，這只是個人喜好。

IIFE 和單一全域變數可能適用於中小型應用程式。然而，同時需要命名空間和深層子命名空間的較大程式碼庫，會需要一個簡潔的解決方案以提高可讀性和可擴展性；這種模式就很理想達成這一切的目標。

我推薦去試試看那些他人建議可用在命名空間擴展的進階實用方法，因為從長遠來看，這樣可以節省時間。

總結

本章討論命名空間協助替 JavaScript 和 jQuery 應用程式帶來結構的方法，並防止變數名稱和函數名稱之間的衝突。在具有許多程式碼檔案的大型 JavaScript 應用程式中組織專案檔案，有助於您管理模組和命名空間，並增強開發體驗。

我們目前已經涵蓋使用純 JavaScript 來設計和架構的不同層面，之前雖然也提過 React，但還沒有詳細討論任何 React 模式；而這正是下一章的目標。

第 12 章

React.js 設計模式

多年來，用 JavaScript 編寫 UI 的直接方法需求不斷增加，前端開發人員尋找許多不同的程式庫和框架所提供的開箱即用解決方案。自 2013 年首次發布以來，React 在該領域已經流行很長一段時間，本章將探討在 React 世界中有用的設計模式。

也稱為 React.js 的 React[1]，是 Facebook 設計用於建構 UI 或 UI 元件的開源 JavaScript 程式庫。當然，它不是唯一的 UI 程式庫，Preact[2]、Vue[3]、Angular[4]、Svelte[5]、Lit[6] 和許多其他工具也非常適合從可重用元素來組合出介面。然而，鑑於 React 的流行，這裡選擇它來討論近十年的設計模式。

React 簡介

當前端開發人員談論程式碼時，通常是在設計 web 介面的上下文中，而我們認為介面組合的方式就發生於按鈕、列表、導航等元素中。React 提供了一種優化和簡化的方式來

1 *https://oreil.ly/7Z-65*

2 *https://oreil.ly/jXmKM*

3 *https://oreil.ly/fMoMp*

4 *https://oreil.ly/G_Oyv*

5 *https://oreil.ly/scSoT*

6 *https://oreil.ly/5UgxC*

使用這些元素表達介面，並且透過把介面組織成 3 個關鍵概念：元件（component）、屬性（prop）和狀態（state），好幫助建構複雜而棘手的介面。

因為 React 聚焦於組合，可以完美地映射到設計系統中的元素。因此，為 React 設計會鼓勵使用模組化方式思考，允許把頁面或視圖放在一起之前，先開發單獨的元件，以便完全瞭解每個元件的作用域和用途，這整個過程稱為元件化（componentization）。

使用的術語

本章將頻繁使用以下術語，它們的各自涵義如下：

React/React.js/ReactJS

React 程式庫，由 Facebook 於 2013 年建立

ReactDOM

`react-dom` 套件為客戶端和伺服器渲染提供特定於 DOM 的方法

JSX

JavaScript 的語法擴展

Redux

集中式狀態容器

Hook

一種無需編寫類別即可使用狀態和其他 React 功能的新方法

ReactNative

使用 JavaScript 來開發跨平台原生應用程式的程式庫

webpack

JavaScript 模組捆包器（bundler），流行於 React 社群

單頁應用程式（*single-page application, SPA*）

無需刷新／重新載入整個頁面，就可在同一頁面上載入新內容的 web 應用程式。

基本概念

在討論 React 設計模式之前，可以先瞭解 React 中會使用到的一些基本概念：

JSX

JSX 是 JavaScript 的擴展，它使用類似 XML 的語法將模版 HTML 嵌入 JS，旨在轉換為有效的 JavaScript，儘管這個轉換的語意是特定於實作的。JSX 與 React 程式庫的流行時間差不多，但也有其他實作。

元件

元件是任何 React 應用程式的積木。它們就像 JavaScript 函數，此類函數會接受任意輸入（Prop），並傳回且描述應該要在螢幕上顯示的 React 元素內容。React 應用程式中在螢幕上的所有內容都是元件的一部分，本質上，它只是元件中的元件中的元件，所以開發人員不會在 React 中建構頁面，只會建構元件。元件讓您可以把 UI 拆分為獨立且可重用的部分，如果您習慣於設計頁面，從元件的角度來思考看來可能會是一個重大的改變；但如果您使用設計系統或風格指南，這可能是一個比想像中還小的範式轉移。

Prop

Prop 是屬性的簡稱，在 React 中指元件的內部資料，在元件呼叫中編寫並傳遞到元件中。它們也使用和 HTML 屬性相同的語法，例如 `prop = value`。關於 prop，要記住的兩件事是：（1）建構元件之前會確定 prop 的值，並將它視為藍圖的一部分；以及（2）prop 的值永遠不會改變，也就是說，它只要傳遞到元件後，就是唯讀的，您可以透過每個元件都可以存取的 `this.props` 屬性來參照它以存取 prop。

狀態

狀態是一個物件，它保存的資訊可能會在元件的生命週期內發生變化，是儲存在元件 prop 中的資料目前快照。資料會隨時間變化，因此管理資料變化的技術也就有其必要性，以確保元件在正確時間看起來會像工程師想要的那樣；這稱為狀態管理。

客戶端渲染

在客戶端渲染（client-side rendering, CSR）中，伺服器只會渲染頁面的基本 HTML 容器。在頁面上顯示內容所需的邏輯、資料獲取、模版和路由會由在客戶端上執行的 JavaScript 程式碼來處理。CSR 以一種建構 SPA 的方法而廣為流傳，它有助於讓網站和已安裝應用程式之間的區別變得模糊，並且最適合高度互動的應用程式。預設情況下會使用 React，因此大部分應用程式邏輯都會在客戶端執行。它透過 API 呼叫來和伺服器互動以獲取或儲存資料。

伺服器端渲染

伺服器端渲染（server-side rendering, SSR）是渲染 web 內容最古老的方法之一。SSR 為了要回應使用者請求而渲染的頁面內容產生完整的 HTML，內容可能包括來自資料儲存或外部 API 的資料。React 可以同構地（isomorphically）渲染，這意味著它既可以在瀏覽器上執行，也可以在伺服器等其他平台上執行；因此，可以使用 React 在伺服器上渲染 UI 元素。

水合（*hydration*）

在伺服器呈現的應用程式中，目前導航的 HTML 會在伺服器上產生並發送到客戶端。由於伺服器產生了標記（markup），客戶端可以快速剖析並將它顯示在螢幕上，在此之後才載入會讓 UI 進行互動所需的 JavaScript，只有在載入和處理 JavaScript 捆包後，才會附加如按鈕等讓 UI 元素具有互動性的事件處理程式。這個過程就稱為水合（hydration），React 檢查目前的 DOM 節點，並使用相對應的 JavaScript 來對它們進行水合。

建立嶄新應用程式

較舊的說明文件建議使用 Create React App（CRA）來建構一個新的、僅限客戶端的 SPA 來學習 React，它是一個 CLI 工具，用於建立用來啟動專案的鷹架 React 應用程式。然而，CRA 僅提供有限的開發體驗，對於許多現代 web 應用程式來說過於局限。React 建議使用生產級 React 所支援的框架，例如 Next.js 或 Remix 來建構新的 web 應用程式或網站。這些框架提供大多數應用程式和網站最終需要的功能，例如靜態 HTML 產生、基於檔案的路由、SPA 導航和真實的客戶端程式碼。

React 已經發展了很多年，被導入程式庫的不同功能產生解決常見問題的各種方法。以下是 React 的一些流行設計模式，接下來的小節會一一詳細研究：

- 第 209 頁「高階元件」
- 第 213 頁「Render Props 模式」
- 第 218 頁「Hooks 模式」
- 第 230 頁「靜態匯入」
- 第 231 頁「動態匯入」

- 第 235 頁「程式碼拆分」
- 第 238 頁「PRPL 模式」
- 第 240 頁「Loading Prioritization」

高階元件

在應用程式的多個元件中使用相同邏輯是很常見的希望，此邏輯可以包括把特定模式應用於元件、需要授權或添加全域狀態。在多個元件中重用相同邏輯的一種方法，是使用 Higher-Order Component（HOC）模式，它能在整個應用程式中重用元件邏輯。

HOC 是接收另一個元件的元件，可以包含特定功能，並應用在作為參數傳遞給它的元件上。HOC 會傳回應用了附加功能的元件。

若是一直想為應用程式中的多個元件添加特定的模式（styling），可以建立一個 HOC，把模式物件添加到它作為參數所接收的元件中，而不是每次都在本地端建立模式物件：

```
function withStyles(Component) {
  return props => {
    const style = { padding: '0.2rem', margin: '1rem' }
    return <Component style={style} {...props} />
  }
}

const Button = () = <button>Click me!</button>
const Text = () => <p>Hello World!</p>

const StyledButton = withStyles(Button)
const StyledText = withStyles(Text)
```

剛剛建立的是 `StyledButton` 和 `StyledText` 元件，它們是 `Button` 和 `Text` 元件的修改版本，現在都包含在 `withStyles` HOC 中所添加的模式。

更進一步看一個用來渲染從 API 獲取的狗狗影像串列應用程式。在獲取資料時，希望向使用者顯示「載入中……」畫面，不直接添加到 `DogImages` 元件中，可以使用一個添加了此邏輯的 HOC。

在此建立一個名為 `withLoader` 的 HOC。HOC 應該接收一個元件並傳回該元件，在這種情況下，`withLoader` HOC 應該要接收可能會顯示 `Loading ...` 的元素，直到獲取資料為止。為了使 `withLoader` HOC 可以絕對重用，這裡不會在該元件中硬編碼 Dog API

URL，取而代之的，是把 URL 作為參數傳遞給 `withLoader` HOC，因此這個載入器可以用在任何需要載入中指示器的元件上，同時又從不同 API 端點獲取資料：

```
function withLoader(Element, url) {
  return props => {};
}
```

HOC 傳回一個元素，在本例中是一個功能元件 `props ⇒ {}`，我們要向它增加允許我們添加可以顯示具有 Loading... 文本的邏輯，因為資料仍在獲取中；獲取資料後，元件應將獲取的資料作為 prop 來傳遞。`withLoader` 的完整程式碼如下所示：

```
import React, { useEffect, useState } from "react";

export default function withLoader(Element, url) {
  return (props) => {
    const [data, setData] = useState(null);

    useEffect(() => {
      async function getData() {
        const res = await fetch(url);
        const data = await res.json();
        setData(data);
      }

      getData();
    }, []);

    if (!data) {
      return <div>Loading...</div>;
    }

    return <Element {...props} data={data} />;
  };
}
```

剛剛建立了一個可以接收任何元件和 URL 的 HOC：

- 在 `useEffect` hook 中，`withLoader` HOC 從作為 `url` 值來傳遞的 API 端點獲取資料。在獲取資料時，傳回包含 `Loading...` 文本的元素。
- 獲取資料後，將資料設定為和已獲取的資料相等。由於資料不再為 `null`，故可以顯示傳遞給 HOC 的元素。

現在要在 DogImages 串列上顯示 Loading… 指示器，將匯出 DogImages 元件周圍的「已包裝」withLoading HOC。withLoader HOC 還希望 url 知道從哪個端點獲取資料，在此案例中，我們要添加 Dog API 端點。由於 withLoader HOC 傳回帶有額外資料屬性的元素，在本例中為 DogImages，可以存取 DogImages 元件中的資料屬性：

```
import React from "react";
import withLoader from "./withLoader";

function DogImages(props) {
  return props.data.message.map((dog, index) => (
    <img src={dog} alt="Dog" key={index} />
  ));
}

export default withLoader(
  DogImages,
  "https://dog.ceo/api/breed/labrador/images/random/6"
);
```

HOC 模式允許為多個元件提供相同的邏輯，同時又把所有邏輯放在同一個地方。withLoader HOC 並不關心它接收到的元件或 URL，只要它是一個有效的元件和一個有效的 API 端點，它就會簡單地把資料從該 API 端點傳遞到我們傳遞的元件。

組合

也可以組合多個 HOC，譬如還想添加當使用者把游標懸停在 DogImages 串列上時，會顯示懸停文本框的功能。

必須先建立一個 HOC，為傳遞的元素提供懸停屬性。基於該屬性，可以根據使用者是否把游標懸停在 DogImages 串列上，有條件地渲染文本框。

現在可以把 withHover HOC 包裹在 withLoader HOC 周圍：

```
export default withHover(
  withLoader(DogImages, "https://dog.ceo/api/breed/labrador/images/random/6")
);
```

DogImages 元素現在包含了從 withHover 和 withLoader 傳遞的所有屬性。

某些情況下也可以使用 Hooks 模式來達到類似效果，本章稍後會詳細討論，現在要先說明的是，使用 Hooks 可以減少元件樹的深度，而使用 HOC 模式很容易導致深度巢套的元件樹。HOC 的最佳使用案例將會滿足以下條件：

- 在整個應用程式中有許多元件需要使用相同的未客製化行為。
- 該元件無需添加客製化邏輯，即可獨立工作。

優點

使用 HOC 模式可以把想要重用的邏輯全部保存在一個地方，降低在整個應用程式中一再複製程式碼而意外散播錯誤的風險，從而可能導入新的錯誤。透過把邏輯放在一個地方，可以讓程式碼保持 DRY 並有效地實施關注點分離。

缺點

HOC 可以傳遞給元素的 prop 名稱可能會導致命名衝突。例如：

```
function withStyles(Component) {
  return props => {
    const style = { padding: '0.2rem', margin: '1rem' }
    return <Component style={style} {...props} />
  }
}

const Button = () = <button style={{ color: 'red' }}>Click me!</button>
const StyledButton = withStyles(Button)
```

在此案例中，`withStyles` HOC 向傳遞給它的元素添加一個名為 `style` 的 prop。但是，`Button` 元件已經有一個名為 `style` 的 prop，所以會覆寫它！要確保 HOC 可以透過重新命名或合併屬性，來處理意外性的名稱衝突：

```
function withStyles(Component) {
  return props => {
    const style = {
      padding: '0.2rem',
      margin: '1rem',
      ...props.style
    }

    return <Component style={style} {...props} />
  }
}

const Button = () = <button style={{ color: 'red' }}>Click me!</button>
const StyledButton = withStyles(Button)
```

使用多個組合後的 HOC，而且它們都會把 prop 傳遞給包裝在它們之中的元素，要弄清楚哪個 HOC 負責哪個 prop 可說是一項挑戰，讓人無法輕鬆地除錯和擴展應用程式。

Render Props 模式

從 HOC 小節中可知，如果多個元件需要存取相同的資料或包含相同的邏輯，則重用元件邏輯會很方便。

另一種讓元件可重用的方法是使用 Render Prop 模式，這是元件上的一個 prop，它的值是一個會傳回 JSX 元素的函數。除了 render prop 之外，元件本身不會渲染任何東西，它只是呼叫 render prop，而不會實作自己的渲染邏輯。

想像一下一個 `Title` 元件，它應該只會渲染要傳遞的值，可以為此使用 render prop，好把希望 `Title` 元件渲染的值傳遞給 render prop：

```
<Title render={() => <h1>I am a render prop!</h1>} />
```

可以透過傳回呼叫的 render prop，在 `Title` 元件中渲染這些資料：

```
const Title = props => props.render();
```

必須把一個名為 `render` 的 prop 傳遞給 Component 元素，它是一個會傳回 React 元素的函數：

```
import React from "react";
import { render } from "react-dom";

import "./styles.css";

const Title = (props) => props.render();

render(
  <div className="App">
    <Title
      render={() => (

          <span role="img" aria-label="emoji">

          </span>
          I am a render prop!{" "}
          <span role="img" aria-label="emoji">

          </span>
```

```
      </h1>
    )}
  />
</div>,
document.getElementById("root")
);
```

render prop 的妙處在於接收 prop 的元件是可重用的，可以多次使用它，每次都把不同的值傳遞給 render prop。

儘管名稱為 render prop，但 render prop 不一定非要稱為 render，任何渲染 JSX 的 prop 都可認為是 render prop。因此，下面的例子中有 3 個 render prop：

```
const Title = (props) => (
  <>
    {props.renderFirstComponent()}
    {props.renderSecondComponent()}
    {props.renderThirdComponent()}
  </>
);

render(
  <div className="App">
    <Title
      renderFirstComponent={() => <h1>First render prop!</h1>}
      renderSecondComponent={() => <h2> Second render prop!</h2>}
      renderThirdComponent={() => <h3>Third render prop!</h3>}
    />
  </div>,
  document.getElementById("root")
);
```

剛剛使用的 render prop 能讓元件可重用，因為每次都可以把不同資料傳遞給 render prop。

接受 render prop 的元件，通常會比只簡單呼叫 render prop 更有效果。相反的，一般都會希望把資料從接受 render prop 的元件，傳遞到希望由 render prop 傳遞的元素：

```
function Component(props) {
  const data = { ... }

  return props.render(data)
}
```

render prop 現在可以接收以參數傳遞的這個值：

```
<Component render={data => <ChildComponent data={data} />}
```

提升狀態

在查看 Render Props 模式的另一個使用案例之前，需要瞭解一下 React 中「提升狀態」的概念。

假設有一個溫度轉換器，可以在有狀態輸入元素中，以攝氏溫度為單位輸入；其他兩個元件會立即反映相對應的 `Fahrenheit` 和 `Kelvin` 值。為了讓輸入元素能夠和其他元件共享其狀態，必須把狀態向上移動到需要它的那些元件最靠近的共同祖先，這就是「提升狀態」：

```
function Input({ value, handleChange }) {
  return <input value={value} onChange={e => handleChange(e.target.value)} />;
}
function Kelvin({ value = 0 }) {
  return <div className="temp">{value + 273.15}K</div>;
}

function Fahrenheit({ value = 0 }) {
  return <div className="temp">{(value * 9) / 5 + 32}°  F</div>;
}

export default function App() {
  const [value, setValue] = useState("");

  return (
    <div className="App">
      <h1>Temperature Converter</h1>
      <Input value={value} handleChange={setValue} />
      <Kelvin value={value} />
      <Fahrenheit value={value} />
    </div>
  );
}
```

提升狀態是一種有價值的 React 狀態管理模式，因為難免會有希望元件能夠和兄弟元件共享其狀態的時候。只有幾個元件的小型應用程式就可以使用這種模式，把狀態提升到最近的共同祖先，而不必使用像 Redux 或 React Context 這樣的狀態管理程式庫。

雖然這是一個有效的解決方案，但在具有處理許多子元件的大型應用程式中提升狀態可能會很棘手，每個狀態更改都可能導致重新渲染所有子級，甚至是那些不處理資料的子級，而對應用程式效能產生負面影響。使用 Render Props 模式就可以解決這個問題，更改 Input 元件好讓它可以接收 render prop：

```
function Input(props) {
  const [value, setValue] = useState("");

  return (
    <>
      <input
        type="text"
        value={value}
        onChange={e => setValue(e.target.value)}
        placeholder="Temp in ° C"
      />
      {props.render(value)}
    </>
  );
}

export default function App() {
  return (
    <div className="App">
      <H1>Temperature Converter</H1>
      <Input
        render={value => (
          <>
            <Kelvin value={value} />
            <Fahrenheit value={value} />
          </>
        )}
      />
    </div>
  );
}
```

子級即函數

除了常規的 JSX 元件，還可以把函數作為子元件傳遞給 React 元件，可以透過子級 prop 來使用此功能，從技術上講，它也是一個 render prop。

以下會更改 `Input` 元件，先傳遞一個函數來作為 `Input` 元件的子函數，而不是外顯式地傳遞 render prop：

```
export default function App() {
  return (
    <div className="App">
      <h1>Temperature Converter</h1>
      <Input>
        {value => (
          <>
            <Kelvin value={value} />
            <Fahrenheit value={value} />
          </>
        )}
      </Input>
    </div>
  );
}
```

要透過 `Input` 元件上可用的 `props.children` prop 來存取此函數，可以透過使用者輸入的值來呼叫 `props.children`，而不是呼叫 `props.render`：

```
function Input(props) {
  const [value, setValue] = useState("");

  return (
    <>
      <input
        type="text"
        value={value}
        onChange={e => setValue(e.target.value)}
        placeholder="Temp in ° C"
      />
      {props.children(value)}
    </>
  );
}
```

這樣，`Kelvin` 和 `Fahrenheit` 元件就可以存取該值，而不用去擔心 render prop 的名稱。

優點

使用 Render Props 模式可以直接在多個元件之間共享邏輯和資料，可以透過使用渲染或子級 prop 來讓元件可重用。雖然 HOC 模式主要也是要解決相同的問題，也就是可重用性和共享資料，但 Render Props 模式能進一步解決使用 HOC 模式時可能遇到的一些問題。

使用 Render Props 模式，也不會有使用 HOC 模式可能遇到的命名衝突問題，因為 prop 不會自動合併，而是外顯式地，把 prop 傳遞給那些具有由父元件提供的值的子元件。

由於明確地傳遞 prop，因此解決 HOC 的內隱式 prop 問題，應該傳遞給元素的 prop 在 render prop 的參數列表中都是可見的；這樣，就可以確切地知道特定 prop 的來源。可以透過 render prop，把應用程式的邏輯和渲染元件分開，接收 render prop 的有狀態元件，可以把資料傳遞給只會渲染資料的無狀態元件。

缺點

React Hooks 解決大部分我們試圖用 render prop 來解決的問題。Hooks 改變為元件添加可重用性和資料共享的方式，因此在許多情況下，它們可以取代 Render Props 模式。

因為無法把生命週期（lifecycle）方法添加到 render prop，因此只能用在那些不需要更改所接收到資料的元件上。

Hooks 模式

React 16.8 引入了一個名為 Hooks 的新功能[7]。Hooks 有可能在不使用 ES2015 類別元件（class component）的情況下，使用 React 狀態和生命週期方法。雖然 Hooks 不一定是一種設計模式，但它會在您的應用程式設計中扮演至關重要的角色，可以替代很多傳統設計模式。

以下來看看類別元件如何啟用狀態和添加生命週期方法。

類別元件

在 React 導入 Hooks 之前，必須使用類別元件來為元件添加狀態和生命週期方法。React 中一個典型的類別元件看起來會像這樣：

7 *https://oreil.ly/6qnHk*

```
class MyComponent extends React.Component {
  // 添加狀態和綁定客製化方法
  constructor() {
    super()
    this.state = { ... }

    this.customMethodOne = this.customMethodOne.bind(this)
    this.customMethodTwo = this.customMethodTwo.bind(this)
  }

  // 生命週期方法
  componentDidMount() { ...}
  componentWillUnmount() { ... }

  // 客製化方法
  customMethodOne() { ... }
  customMethodTwo() { ... }

  render() { return { ... }}
}
```

類別元件可以包含以下內容：

- 建構子中的狀態
- `componentDidMount` 和 `componentWillUnmount` 等生命週期方法，可根據元件的生命週期來執行副作用
- 向類別添加額外邏輯的客製化方法

雖然在導入 React Hooks 之後仍然可以使用類別元件，但是使用類別元件可能會有一些缺點。例如以下範例，其中有一個簡單的 `div` 用來當作按鈕：

```
function Button() {
  return <div className="btn">disabled</div>;
}
```

不想一直顯示禁用（disabled），而是希望把它更改為已啟用（enabled），並在使用者點擊按鈕時，向按鈕添加一些額外的 CSS 模式。為此，需要向元件添加狀態，以瞭解狀態是已啟用還是禁用。這意味著必須完全重構功能元件，並讓它成為一個會追蹤按鈕狀態的類別元件：

```
export default class Button extends React.Component {
  constructor() {
    super();
```

```
    this.state = { enabled: false };
  }

  render() {
    const { enabled } = this.state;
    const btnText = enabled ? "enabled" : "disabled";

    return (
      <div
        className={`btn enabled-${enabled}`}
        onClick={() => this.setState({ enabled: !enabled })}
      >
        {btnText}
      </div>
    );
  }
}
```

在這個例子中，元件是最小的，重構不需要太多努力；但是，您的實際元件可能包含更多程式碼行，這會讓重構元件變得更加困難。

除了確保在重構元件時不會意外地更改任何行為，您還必須瞭解 ES2015+ 類別的工作原理。要瞭解如何在不意外更改資料流的情況下，還能正確地重構元件可能頗具挑戰性。

重構

在多個元件之間共享程式碼的標準方法，是使用 HOC 或 Render Props 模式。儘管這兩種模式都是有效的，並且使用它們的做法很理想，但在之後再添加這些模式，會需要重新建構您的應用程式。

除了重構應用程式，且元件越大越棘手，讓許多包裝元件在更深的巢套元件之間共享程式碼，可能會導致稱為「包裝地獄」的情況。打開您的開發工具並看到類似於以下結構的情況並不少見：

```
<WrapperOne>
  <WrapperTwo>
    <WrapperThree>
      <WrapperFour>
        <WrapperFive>
          <Component>
            <h1>Finally in the component!</h1>
          </Component>
        </WrapperFive>
```

```
      </WrapperFour>
    </WrapperThree>
  </WrapperTwo>
</WrapperOne>
```

包裝器地獄可能會讓人難以理解資料如何流經您的應用程式，從而更難弄清楚發生意外行為的原因。

複雜性

向類別元件添加更多邏輯時，元件的大小會快速增加。該元件內的邏輯可能會變得混亂和非結構化，讓開發人員很難理解類別元件中的哪些地方使用了某些邏輯，增加除錯和優化效能的困難。生命週期方法還需要大量重複程式碼。

Hooks

類別元件在 React 中並不總是一個很棒的特性。為了解決 React 開發人員在使用類別元件時可能遇到的常見問題，React 導入了 React Hooks，這是可用於管理元件狀態和生命週期方法的函數，可以：

- 向功能元件添加狀態
- 管理元件的生命週期，而無需使用生命週期方法，例如 `componentDidMount` 和 `componentWillUnmount`
- 在整個應用程式的多個元件之間重用相同的狀態邏輯

首先，就來看看如何使用 React Hooks，把狀態添加到功能元件中。

狀態 Hook

React 提供了一個名為 `useState` 的 Hook，用於管理功能元件中的狀態。

`useState` Hook 將類別元件重組為功能元件的方法如下。有一個名為 `Input` 的類別元件，它會渲染一個輸入欄位，每當使用者在輸入欄位中鍵入任何內容時，都會更新狀態中的輸入值：

```
class Input extends React.Component {
  constructor() {
    super();
    this.state = { input: "" };

    this.handleInput = this.handleInput.bind(this);
  }

  handleInput(e) {
    this.setState({ input: e.target.value });
  }

  render() {
    <input onChange={handleInput} value={this.state.input} />;
  }
}
```

要使用 useState Hook，需要存取 React 的 useState 方法，而 useState 方法需要一個參數：這會是狀態的初始值，在本案例中是一個空字串。

可以從 useState 方法中解構兩個值：

- 狀態的目前值
- 狀態的更新方法：

```
const [value, setValue] = React.useState(initialValue);
```

可以把第一個值類比成類別元件的 this.state.[value]，第二個值則可以類比成類別元件的 this.setState 方法。

由於正在處理輸入值，因此呼叫狀態輸入的目前值和更新狀態的方法 setInput。初始值應該是一個空字串：

```
const [input, setInput] = React.useState("");
```

現在可以把 Input 類別元件重構為有狀態的功能元件了：

```
function Input() {
  const [input, setInput] = React.useState("");

  return <input onChange={(e) => setInput(e.target.value)} value={input} />;
}
```

輸入欄位的值等於輸入狀態的目前值，就像在類別元件範例中一樣。當使用者在輸入欄位中鍵入內容時，輸入狀態的值會使用 setInput 方法相對應的更新：

```
import React, { useState } from "react";

  export default function Input() {
    const [input, setInput] = useState("");

    return (
      <input
        onChange={e => setInput(e.target.value)}
        value={input}
        placeholder="Type something..."
      />
    );
  }
```

效果 Hook

看得出來，可以使用 useState 元件來處理功能元件中的狀態。儘管如此，類別元件的另一個好處是可以向元件添加生命週期方法。

使用 useEffect Hook，可以「鉤進」元件的生命週期。useEffect Hook 有效地結合了 componentDidMount、componentDidUpdate 和 componentWillUnmount 生命週期方法：

```
componentDidMount() { ... }
useEffect(() => { ... }, [])

componentWillUnmount() { ... }
useEffect(() => { return () => { ... } }, [])

componentDidUpdate() { ... }
useEffect(() => { ... })
```

可以使用在狀態 Hook 小節中所使用的輸入範例。每當使用者在輸入欄位中鍵入任何內容時，該值也應該要記錄到控制台。

這裡需要一個 useEffect Hook 來「監聽」輸入值，可以透過把輸入添加到 useEffect Hook 的依賴項陣列來達成此事。依賴項陣列將是 useEffect Hook 接收的第二個參數：

```
import React, { useState, useEffect } from "react";

export default function Input() {
  const [input, setInput] = useState("");
```

```
  useEffect(() => {
    console.log(`The user typed ${input}`);
  }, [input]);

  return (
    <input
      onChange={e => setInput(e.target.value)}
      value={input}
      placeholder="Type something..."
    />
  );
}
```

每當使用者鍵入一個值時，輸入的值現在都會記錄到控制台。

客製化 Hook

除了 React 提供的內建 Hook（useState、useEffect、useReducer、useRef、useContext、useMemo、useImperativeHandle、useLayoutEffect、useDebugValue、useCallback）之外，也可以輕鬆建立自己的客製化 Hook。

您可能已經注意到，所有 Hook 都以「use」開頭，因為只有用「use」開頭的 Hook，React 才能夠檢查它是否違反 Hook 規則。

如果想要追蹤使用者在輸入時可能按下的特定鍵，客製化 Hook 應該能夠接收想要鎖定為它的參數的鍵。

這裡想要為使用者作為參數以傳遞的鍵添加一個 keydown 和 keyup 事件監聽器。如果使用者按下該鍵，觸發 keydown 事件，Hook 中的狀態應該切換為真（true）；反之，當使用者停止按下該按鈕時，會觸發 keyup 事件，並將狀態切換為假（false）：

```
function useKeyPress(targetKey) {
  const [keyPressed, setKeyPressed] = React.useState(false);

  function handleDown({ key }) {
    if (key === targetKey) {
      setKeyPressed(true);
    }
  }

  function handleUp({ key }) {
```

```
      if (key === targetKey) {
        setKeyPressed(false);
      }
    }

    React.useEffect(() => {
      window.addEventListener("keydown", handleDown);
      window.addEventListener("keyup", handleUp);

      return () => {
        window.removeEventListener("keydown", handleDown);
        window.removeEventListener("keyup", handleUp);
      };
    }, []);

    return keyPressed;
  }
```

可以在輸入應用程式中使用這個客製化 Hook，在使用者按下 q、l 或 w 鍵時記錄到控制台：

```
import React from "react";
import useKeyPress from "./useKeyPress";

export default function Input() {
  const [input, setInput] = React.useState("");
  const pressQ = useKeyPress("q");
  const pressW = useKeyPress("w");
  const pressL = useKeyPress("l");

  React.useEffect(() => {
    console.log(`The user pressed Q!`);
  }, [pressQ]);

  React.useEffect(() => {
    console.log(`The user pressed W!`);
  }, [pressW]);

  React.useEffect(() => {
    console.log(`The user pressed L!`);
  }, [pressL]);

  return (
    <input
      onChange={e => setInput(e.target.value)}
      value={input}
```

```
      placeholder="Type something..."
    />
  );
}
```

與其把按鍵邏輯保留在 `Input` 元件的本地端，也可以在多個元件中重用 `useKeyPress` Hook，而不必一再重寫相同的程式碼。

Hook 的另一大優勢是社群可以建構和共享 Hook，不用一定要自己編寫 `useKeyPress` Hook，此 Hook 已經由其他人建構，只要安裝它，就可以在應用程式中使用。

以下是一些網站，列出社群所建構，並準備備好在您的應用程式中使用的所有 Hook：

- React Use（*https://oreil.ly/Ya94L*）
- useHooks（*https://oreil.ly/ZMTcR*）
- Collection of React Hooks（*https://oreil.ly/jlksC*）

額外的 Hook 指南

與其他元件一樣，會使用特殊函數把 Hook 添加到您編寫的程式碼中，下面簡單介紹一些常用的 Hook 函數：

`useState`

useState Hook 讓開發人員能夠更新和操作函數元件內部的狀態，而無需將它轉換為類別元件。這個 Hook 的優點之一是它很簡單，不會像其他 React Hook 那樣複雜。

`useEffect`

useEffect Hook 可用來在函數元件的主要生命週期事件期間執行程式碼。函數元件的主體不允許突變（mutation）、訂閱（subscription）、計時器（timer）、日誌記錄（logging）和其他副作用；因為允許的話，可能會導致 UI 中令人困惑的錯誤和不一致。`useEffect` Hook 可以防止所有這些「副作用」，並讓 UI 流暢執行。它把 `componentDidMount`、`componentDidUpdate` 和 `componentWillUnmount` 組合在一起。

`useContext`

`useContext` Hook 會接受一個上下文物件，也就是從 `React.createcontext` 傳回的值，並傳回該上下文的目前上下文值。`useContext` Hook 也和 React Context API 一起使用，並在整個應用程式中共享資料，而無需把您的應用程式屬性向下傳遞到各個層級。請注意，傳遞給 useContext Hook 的參數必須是上下文物件本身，任何呼叫 useContext 的元件都會在更改上下文值時重新渲染。

useReducer

useReducer Hook 提供了 setState 的替代方法。當您有涉及多個子值的複雜狀態邏輯，或當下一個狀態依賴於前一個狀態時，它尤其受到偏愛。它會接受一個縮減器（reducer）函數和一個初始狀態輸入，並使用陣列解構來傳回目前狀態和一個分派（dispatch）函數作為輸出。useReducer 還優化了觸發深度更新元件的效能。

使用 Hook 的優缺點

以下是使用 Hook 的一些好處：

更少的程式碼行

Hooks 允許您按關注點和功能而非生命週期來對程式碼分組，這使得程式碼不僅更簡潔，而且更短。接下來是使用 React 可搜尋產品資料表的簡單有狀態元件，和使用 useState 關鍵字後，在 Hook 中的外觀比較。

有狀態元件：

```
class TweetSearchResults extends React.Component {
    constructor(props) {
      super(props);
      this.state = {
        filterText: '',
        inThisLocation: false
      };

      this.handleFilterTextChange =
               this.handleFilterTextChange.bind(this);
      this.handleInThisLocationChange =
               this.handleInThisLocationChange.bind(this);
    }

    handleFilterTextChange(filterText) {
      this.setState({
        filterText: filterText
      });
    }

    handleInThisLocationChange(inThisLocation) {
      this.setState({
```

```
      inThisLocation: inThisLocation
    })
  }

  render() {
    return (
      <div>
        <SearchBar
          filterText={this.state.filterText}
          inThisLocation={this.state.inThisLocation}
          onFilterTextChange={this.handleFilterTextChange}
          onInThisLocationChange={this.handleInThisLocationChange}
        />
        <TweetList
          tweets={this.props.tweets}
          filterText={this.state.filterText}
          inThisLocation={this.state.inThisLocation}
        />
      </div>
    );
  }
}
```

以下是使用 Hook 的相同元件：

```
const TweetSearchResults = ({tweets}) => {
  const [filterText, setFilterText] = useState('');
  const [inThisLocation, setInThisLocation] = useState(false);
  return (
    <div>
      <SearchBar
        filterText={filterText}
        inThisLocation={inThisLocation}
        setFilterText={setFilterText}
        setInThisLocation={setInThisLocation}
      />
      <TweetList
        tweets={tweets}
        filterText={filterText}
        inThisLocation={inThisLocation}
      />
    </div>
  );
}
```

簡化複雜的元件

JavaScript 類別可能難以管理、難以透過熱重載（hot reloading）使用，並且可能需要縮小許多。React Hook 解決了這些問題，並能確保函數式程式設計更簡單。透過 Hook 的實作，我們並不需要類別元件。

重用有狀態邏輯

JavaScript 中的類別鼓勵多層級繼承，這會迅速增加整體複雜性和潛在的錯誤；但是，Hook 允許您在不編寫類別的情況下，使用狀態以及其他的 React 功能。使用 React 可以一直重用有狀態邏輯（stateful logic），而無需重複地重寫程式碼，這能減少出錯機會，並允許使用普通函數來組合。

共享非視覺邏輯

在實作 Hook 之前，React 無法提取和共享非視覺（nonvisual）邏輯，最後不得不使用更複雜的功能，例如 HOC 模式和 Render Prop 來解決一個常見問題。導入 Hook 解決這個難題，因為它允許把有狀態邏輯提取到一個簡單的 JavaScript 函數中。

當然，也別忘了 Hook 有一些潛在的缺點：

- 必須遵守其規則。使用 linter 外掛程式，知道哪條規則已經失效會比較容易。
- 需要長時間的練習才能正確使用（例如 `useEffect`）。
- 需要注意錯誤的用法（例如，`useCallback`、`useMemo`）。

React Hook 與類別的對比

將 Hook 導入 React 時產生了一個新問題：如何知道何時要使用帶有 Hook 和類別元件的函數元件？在 Hook 的幫助下，即使在函數元件中也可以獲得狀態和部分生命週期 Hook。Hooks 允許您在不編寫類別的情況下使用本地狀態和其他 React 特性。以下是 Hook 和類別之間的一些區別，以幫助您做出決定：

- Hook 有助於避免多重階層並使程式碼更清晰。對於類別而言，通常在使用 HOC 或 Render Prop 時，若嘗試要在 DevTools 中查看它時，必須使用多個階層來重構應用程式。
- Hook 提供跨 React 元件的一致性。由於需要瞭解綁定和呼叫函數的上下文，類別會混淆人和機器。

靜態匯入

import 關鍵字允許匯入另一個模組所匯出的程式碼，預設情況下，靜態匯入的所有模組都會添加到初始捆包中，使用預設的 ES2015+ 匯入語法 import module from [module] 來匯入的模組就是靜態匯入。本節將學習在 React.js 上下文中使用靜態匯入。

請看以下這個範例。一個簡單的聊天應用程式包含了一個聊天元件，可在其中靜態匯入和渲染 3 個元件：UserProfile、ChatList 和 ChatInput，用於鍵入和發送訊息。在 ChatInput 模組中靜態匯入了一個 EmojiPicker 元件，以便在使用者切換表情符號時顯示表情符號選擇器，將使用 webpack[8] 來捆包模組依賴項：

```
import React from "react";

// 靜態匯入 Chatlist、ChatInput 和 UserInfo
import UserInfo from "./components/UserInfo";
import ChatList from "./components/ChatList";
import ChatInput from "./components/ChatInput";

import "./styles.css";

console.log("App loading", Date.now());

const App = () => (
  <div className="App">
    <UserInfo />
    <ChatList />
    <ChatInput />
  </div>
);

export default App;
```

一旦引擎到達匯入模組的行就會執行。打開控制台時，可以看到模組的載入順序。

由於元件是靜態匯入的，webpack 將模組捆包到初始捆包中。可以看到 webpack 在建構應用程式後所建立的捆包：

8 *https://oreil.ly/37e9F*

資產	main.bundle.js
大小	1.5 MiB
程式塊	main [emitted]
程式塊名稱	main

聊天應用程式的原始碼被捆包到一個捆包中：*main.bundle.js*。根據使用者的設備和網路連接，捆包較大時會顯著影響應用程式的載入時間。在 `App` 元件可以把它的內容渲染到使用者螢幕之前，它必須先載入並剖析所有模組。

幸運的是，有很多方法可以加快載入時間！不必總是一次就匯入所有模組：可能有些模組只要根據使用者互動來渲染，例如本案例中的 EmojiPicker，或者隨著頁面來渲染。可以在 `App` 元件渲染其內容後動態地匯入模組，而不是靜態地匯入所有元件，這樣使用者就可以和應用程式互動。

動態匯入

上一節靜態匯入中所討論的聊天應用程式有 4 個關鍵元件：`UserInfo`、`ChatList`、`ChatInput` 和 `EmojiPicker`。但是，這些元件中，只有 `UserInfo`、`ChatList` 和 `ChatInput` 這 3 個會在頁面的初始載入時立即用到。EmojiPicker 不是直接可見的，只有在使用者點擊表情符號以切換 EmojiPicker 時才會渲染，這意味著會不必要地把 EmojiPicker 模組添加到初始捆包中，而可能增加載入時間。

為了解決這個問題，可以動態匯入 `EmojiPicker` 元件，也就是非靜態匯入，而是在想要顯示 EmojiPicker 時才匯入。在 React 中動態匯入元件的一種簡單方法是使用 React Suspense，`React.Suspense` 元件會接收應該要動態載入的元件，從而使 `App` 元件可以透過暫停 EmojiPicker 模組的匯入來加速渲染其內容，當使用者點擊 Emoji 時，`EmojiPicker` 元件會首次渲染。`EmojiPicker` 元件渲染一個 `Suspense` 元件，它會接收一個惰性匯入的模組：在本案例中為 EmojiPicker。`Suspense` 元件會接受一個後饋（fallback）prop，它會在暫停元件仍在載入時，接收應該要渲染的元件！

也可以把 EmojiPicker 拆分成自己的捆包，並減小初始捆包，而不是將 EmojiPicker 不必要地添加到初始捆包中。

較小的初始捆包大小意味著更快的初始載入：使用者不必長時間盯著空白的載入螢幕。後饋元件讓使用者知道應用程式沒有凍結，只是需要等待一段時間才能處理和執行模組。

資產	大小	程式塊	程式塊名稱
emoji-picker.bundle.js	1.48 KiB	1 [emitted]	emoji-picker
main.bundle.js	1.33 MiB	main [emitted]	main
vendors~emoji-picker.bundle.js	171 KiB	2 [emitted]	vendors~emoji-picker

之前，初始捆包大小為 1.5 MiB，現在透過暫停匯入 EmojiPicker 而減少到 1.33 MiB。在控制台中，您可以看到一旦切換 EmojiPicker，就會執行 EmojiPicker：

```
import React, { Suspense, lazy } from "react";
  // import Send from "./icons/Send";
  // import Emoji from "./icons/Emoji";
  const Send = lazy(() =>
    import(/*webpackChunkName: "send-icon" */ "./icons/Send")
  );
  const Emoji = lazy(() =>
    import(/*webpackChunkName: "emoji-icon" */ "./icons/Emoji")
  );
  // 當渲染 <EmojiPicker /> 時惰性載入 EmojiPicker
  const Picker = lazy(() =>
    import(/*webpackChunkName: "emoji-picker" */ "./EmojiPicker")
  );

  const ChatInput = () => {
    const [pickerOpen, togglePicker] = React.useReducer(state => !state, false);

    return (
      <Suspense fallback={<p id="loading">Loading...</p>}>
        <div className="chat-input-container">
          <input type="text" placeholder="Type a message..." />
          <Emoji onClick={togglePicker} />
          {pickerOpen && <Picker />}
          <Send />
        </div>
      </Suspense>
    );
  };

  console.log("ChatInput loaded", Date.now());

  export default ChatInput;
```

在建構應用程式時，可以看到 webpack 建立的不同捆包。透過動態匯入 EmojiPicker 元件，把初始捆包的大小從 1.5 MiB 減少到 1.33 MiB！儘管使用者可能仍然需要等待一段時間才能完全載入 EmojiPicker，但確保在使用者等待元件載入時，應用程式會被渲染和可以互動，能夠改進使用者體驗。

可載入元件

SSR 現階段仍不支援 React Suspense，*loadable-components* 程式庫就是 React Suspense 的理想替代品，可以在 SSR 應用程式中使用：

```
import React from "react";s
import loadable from "@loadable/component";

import Send from "./icons/Send";
import Emoji from "./icons/Emoji";

const EmojiPicker = loadable(() => import("./EmojiPicker"), {
  fallback: <div id="loading">Loading...</div>
});

const ChatInput = () => {
  const [pickerOpen, togglePicker] = React.useReducer(state => !state, false);

  return (
    <div className="chat-input-container">
      <input type="text" placeholder="Type a message..." />
      <Emoji onClick={togglePicker} />
      {pickerOpen && <EmojiPicker />}
      <Send />
    </div>
  );
};

export default ChatInput;
```

如同 React Suspense，可以把惰性匯入的模組傳遞給可載入物件，它只會在請求 EmojiPicker 模組時匯入模組。載入模組後，可以渲染一個後饋元件。

儘管可載入元件是 SSR 應用程式 React Suspense 的理想替代品，它們其實也有助於 CSR 應用程式來暫停模組匯入：

```
import React from "react";
  import Send from "./icons/Send";
  import Emoji from "./icons/Emoji";
  import loadable from "@loadable/component";
```

```
const EmojiPicker = loadable(() => import("./components/EmojiPicker"), {
  fallback: <p id="loading">Loading...</p>
});

const ChatInput = () => {
  const [pickerOpen, togglePicker] = React.useReducer(state => !state, false);

  return (
    <div className="chat-input-container">
      <input type="text" placeholder="Type a message..." />
      <Emoji onClick={togglePicker} />
      {pickerOpen && <EmojiPicker />}
      <Send />
    </div>
  );
};

console.log("ChatInput loaded", Date.now());

export default ChatInput;
```

互動匯入

在聊天應用程式範例中，當使用者點擊表情符號時，會動態地匯入了 `EmojiPicker` 元件。這種類型的動態匯入稱為**互動匯入**（*Import on Interaction*），是透過使用者互動而觸發的元件匯入。

可見性匯入

除了使用者互動之外，通常還有不需要在初始頁面載入時可見的元件。一個很好的例子是惰性載入影像或元件，它們在視埠（viewport）中不直接可見，只有在使用者向下滾動時才會載入。當使用者向下滾動到一個元件，並且它變得可見時會觸發動態匯入，就稱為**可見性匯入**（*Import on Visibility*）。

要知道元件目前是否在視埠中，可以使用 IntersectionObserver API，或諸如 `react-loadable-visibility`、`react-lazyload` 類別的程式庫，快速把可見性匯入添加到應用程式中。以下就是聊天應用程式範例，其中 EmojiPicker 在對使用者為可見時會匯入和載入：

```
import React from "react";
import Send from "./icons/Send";
import Emoji from "./icons/Emoji";
import LoadableVisibility from "react-loadable-visibility/react-loadable";

const EmojiPicker = LoadableVisibility({
  loader: () => import("./EmojiPicker"),
  loading: <p id="loading">Loading</p>
});

const ChatInput = () => {
  const [pickerOpen, togglePicker] = React.useReducer(state => !state, false);

  return (
    <div className="chat-input-container">
      <input type="text" placeholder="Type a message..." />
      <Emoji onClick={togglePicker} />
      {pickerOpen && <EmojiPicker />}
      <Send />
    </div>
  );
};

console.log("ChatInput loading", Date.now());

export default ChatInput;
```

程式碼拆分

上一節看到如何在需要時動態地匯入元件。在具有多個路由和元件的複雜應用程式中，必須確保程式碼會以最佳方式捆包和拆分，以允許在正確的時間來混合使用靜態和動態導入。

您可以使用基於路由的拆分（route-based splitting）模式來拆分您的程式碼，或者依靠現代捆包器，例如 webpack 或 Rollup 來拆分和捆包您的應用程式原始碼。

基於路由的拆分

特定的資源可能只在某些頁面或路由上需要，可以透過添加基於路由的拆分，來請求只有特定路由才需要的資源。結合 React Suspense 或 *loadable-components*，與像是 `react-router` 之類的程式庫，可以根據目前的路由動態載入元件。例如：

```
import React, { lazy, Suspense } from "react";
import { render } from "react-dom";
import { Switch, Route, BrowserRouter as Router } from "react-router-dom";

const App = lazy(() => import(/* webpackChunkName: "home" */ "./App"));
const Overview = lazy(() =>
  import(/* webpackChunkName: "overview" */ "./Overview")
);
const Settings = lazy(() =>
  import(/* webpackChunkName: "settings" */ "./Settings")
);

render(
  <Router>
    <Suspense fallback={<div>Loading...</div>}>
      <Switch>
        <Route exact path="/">
          <App />
        </Route>
        <Route path="/overview">
          <Overview />
        </Route>
        <Route path="/settings">
          <Settings />
        </Route>
      </Switch>
    </Suspense>
  </Router>,
  document.getElementById("root")
);

module.hot.accept();
```

透過惰性載入每個路由的元件，只會請求包含了目前路由所需程式碼的捆包。由於大多數人已習慣在重新定向（redirect）期間會有一些載入時間，因此它是惰性載入元件的理想場所。

捆包拆分

在建構現代 web 應用程式時，webpack 或 Rollup 等捆包器會獲取應用程式的原始碼，並將其捆包到一個或多個捆包中。使用者存取網站時，會請求並載入那些向使用者顯示資料和功能所需的捆包。

V8 等 JavaScript 引擎可以在載入時剖析和編譯使用者請求的資料。儘管現代瀏覽器已經進化到盡可能快速又高效率的剖析和編譯程式碼，開發人員仍然要負責優化請求資料的載入和執行時間。我們希望執行時間能盡量縮短，以防止阻擋主執行緒。

儘管現代瀏覽器可以在捆包到達時對其進行串流式傳輸，但要在使用者設備上繪製第一個像素之前仍然需要一段時間；捆包越大，引擎在到達第一次渲染呼叫所在的行之前所花費的時間就越長。在此之前，使用者必須盯著空白螢幕，這可能會令人不滿。

我們希望盡快向使用者顯示資料。較大的捆包會導致載入時間、處理時間和執行時間增加；所以，如果可以減少捆包的大小來加快速度就太好了，可以把捆包拆分成多個較小的捆包，而不是請求一個包含不必要程式碼的巨大捆包。在決定捆包的大小時，需要考慮一些基本度量。

透過對應用程式進行捆包拆分，可以減少載入、處理和執行捆包所需的時間。這反過來又能減少在使用者螢幕上繪製第一個內容，即首次內容繪製（First Contentful Paint, FCP）所需的時間。它還能減少把最大元件渲染到螢幕，或稱最大內容繪製（Largest Contentful Paint, LCP）度量的時間。

儘管能在螢幕上看到資料是件好事，但我們也希望看到的不只是內容。為了擁有一個功能齊全的應用程式，更希望使用者能夠與之互動。只在載入並執行捆包後，UI 才會變為互動式，將所有內容繪製到螢幕上並變為可互動所需的時間，就稱為可互動時間（Time to Interactive, TTI）。

更大的捆包並不一定意味著更長的執行時間，甚至有可能載入大量使用者不一定會使用的程式碼。捆包的某些部分將只在執行於特定的使用者互動時，但使用者未必會進行這些互動。

在使用者可以在螢幕上看到任何內容之前，引擎仍然需要載入、剖析和編譯在初始渲染中甚至沒有使用的程式碼。儘管由於瀏覽器處理剖析和編譯這兩個步驟的高效率作法，這兩個步驟的成本實際上可以忽略不計，但獲取比必要更大的捆包會損害應用程式的效能。使用低端設備或較慢網路的使用者在獲取捆包之前會看到載入時間明顯地增加。

此程式碼和渲染初始頁面所需的程式碼可以分開，而不用在一開始去請求目前導航中並不具有高優先權的程式碼部分。

PRPL 模式

讓全球使用者都可以存取應用程式可能是一個挑戰，就算是低端設備或網際網路連接不佳的地區，應用程式也應該要能正常執行。為了確保應用程式能夠在具有挑戰性的條件下盡可能高效率地載入，可以使用推送渲染預快取惰性載入（Push Render Pre-cache Lazy-load, PRPL）模式。

PRPL 模式側重於 4 個主要的效能考慮因素：

- 有效地**推送**（*pushing*）關鍵資源，極大化減少往返伺服器的次數並降低載入時間。
- 盡快**渲染**（*rendering*）初始路由以改善使用者體驗。
- 在背景為經常存取的路線**預快取**（*pre-caching*）資產，極大化減少對伺服器的請求數量，並達成更好的離線體驗。
- **惰性載入**（*lazily loading*）那些不是經常接受請求的路由或資產。

存取一個網站時，瀏覽器會向伺服器請求所需的資源，進入點所指向的檔案會從伺服器傳回，通常就是應用程式的初始 HTML 檔案。瀏覽器的 HTML 剖析器一開始從伺服器接收資料時就開始剖析該資料，如果剖析器發現需要更多資源，例如樣式表或腳本，則會向伺服器發送額外的 HTTP 請求以獲取這些資源。

重複請求資源不是件好事，應該努力最小化客戶端和伺服器之間的往返次數。

我們長期以來使用 HTTP/1.1 在客戶端和伺服器之間通訊。儘管與 HTTP/1.0 相比，HTTP/1.1 導入許多改進，例如在使用 keep-alive 標頭來發送新的 HTTP 請求之前，保持客戶端和伺服器之間的 TCP 連接處於活動狀態，但仍有一些問題需要解決。和 HTTP/1.1 相比，HTTP/2 導入重大變化，能夠優化客戶端和伺服器之間的訊息交換。

HTTP/1.1 在請求和回應中使用換行符號分隔的純文本協定，而 HTTP/2 則把請求和回應拆分為更小的框（frame）。包含標頭和本體欄位的 HTTP 請求至少分為兩個框：標頭框（headers frame）和資料框（data frame）。

HTTP/1.1 在客戶端和伺服器之間最多有 6 個 TCP 連接。在您可以透過同一 TCP 連接來發送新請求之前，必須解析之前的請求；如果最後一個請求需要很長時間才能解析，則此請求會阻止發送其他請求。這個常見問題稱為排頭阻檔（head-of-line blocking），會增加特定資源的載入時間。

HTTP/2 使用雙向串流。具有多個雙向串流的單一 TCP 連接可以在客戶端和伺服器之間承載多個請求和回應框。一旦伺服器接收到該特定請求的所有請求框，它就會重新組合它們並產生回應框，這些回應框會發送回客戶端，然後客戶端再重新組合它們。由於串流是雙向的，所以可以透過同一個串流來發送請求和回應框。

在前一個請求解決之前，HTTP/2 可以在同一個 TCP 連接上發送多個請求，以解決排頭阻擋問題！ HTTP/2 還導入了一種更優化的資料獲取方式，稱為伺服器推送（server push），伺服器可以透過「推送」這些資源來自動地發送額外的資源，而不是每次都透過發送 HTTP 請求來明確地請求資源。

客戶端收到附加資源後，資源會儲存在瀏覽器快取中。當資源在剖析進入檔案（entry file）時被發現，瀏覽器可以快速地從快取中獲取資源，而不需要向伺服器發起 HTTP 請求。

雖然推送資源減少了接收額外資源的時間，但伺服器推送無法感知 HTTP 快取，下次再存取該網站時，推送的資源會無法使用，必須重新請求。為了解決這個問題，PRPL 模式在初始載入後會使用服務工作者（service worker）來快取這些資源，以確保客戶端不會發出不必要的請求。

網站作者一般都知道早一點獲取哪些資源至關重要，而瀏覽器則會盡力猜測這一點；因此，可以透過向關鍵資源添加預載入資源提示來幫助瀏覽器。

告訴瀏覽器您想預載入一個特定的資源時，就是在告訴瀏覽器，您想要在它發覺自己要載入這特定資源之前，先一步地獲取。預載入是優化載入資源時所需時間的好方法，而那些資源對目前的路由來說相當重要。

雖然預載入資源是減少往返次數和優化載入時間的好方法，但推送太多檔案可能會有害。瀏覽器的快取有限，您可能會透過請求客戶端並不需要的資源而不必要地使用頻寬，PRPL 模式專注於優化初始負載，在初始路線完全渲染之前，不會載入其他資源。

把應用程式程式碼拆分為小型、高效能的捆包可以達成這一點。這些捆包應該允許使用者在需要時只載入他們需要的資源，同時最大限度地利用快取。

快取較大的捆包可能是個問題。因為多個捆包可能共享相同的資源。

瀏覽器需要幫忙識別捆包的哪些部分在多個路由之間共享，並且不能快取這些資源。快取資源關乎著減少到伺服器的往返次數，以及讓應用程式在離線時仍然友善。

使用 PRPL 模式時，需要確保請求的捆包含括當時所需的最少資源，並且可由瀏覽器來快取。在某些情況下，這可能意味著完全沒有捆包時會提高效能，此時可以直接使用未捆包的模組。

把瀏覽器和伺服器配置為支援 HTTP/2 推送和有效率地快取資源，可以很容易地模擬透過捆包應用程式來動態請求最少資源的好處。對於不支援 HTTP/2 伺服器推送的瀏覽器，可以建立一個優化的建構來最小化往返次數。客戶端不必知道它接收的是捆包資源還是非捆包資源：伺服器會為每個瀏覽器提供適當的建構。

PRPL 模式通常使用應用程式殼層（shell）來作為其主要進入點，它是一個包含大部分應用程式邏輯並在路由之間共享的最小檔案，也包括應用程式的路由器，可以動態地請求必要的資源。

PRPL 模式確保初始路由在使用者設備上可見之前，不會請求或渲染其他資源。一旦成功載入初始路由，就可以安裝一個服務工作者，好在背景為其他經常存取的路由獲取資源。

由於此資料是在背景獲取的，因此使用者不會遇到任何延遲。如果使用者想要導航到服務工作者快取的一個經常存取的路由，服務工作者可以快速地從快取中獲取所需的資源，而不用向伺服器發送請求。

我們可以動態地匯入不經常存取的路由資源。

Loading Prioritization

Loading Prioritization 模式鼓勵您對已知會較早用到的特定資源請求，明確地指定優先權。

預載入（`<link rel="preload">`）是一種瀏覽器優化，允許提前請求關鍵資源（瀏覽器可能會較晚才發現）。如果您願意考慮手動安排關鍵資源的載入順序，那它會對 Core web Vitals（CWV）中的載入效能和度量產生積極影響。也就是說，預載入不是萬靈丹，需要取捨：

```
<link rel="preload" href="emoji-picker.js" as="script">
  ...
  </head>
  <body>
    ...
```

```
<script src="stickers.js" defer></script>
<script src="video-sharing.js" defer></script>
<script src="emoji-picker.js" defer></script>
```

在優化可互動時間（Time to Interactive, TTI）或首次輸入延遲（First Input Delay, FID）等度量時，預載入有助於載入互動所需的 JavaScript 捆包（或程式塊）。請記住，在使用預載入時要格外小心，因為您希望避免以延遲首次內容繪製（First Contentful Paint, FCP）或最大內容繪製（Largest Contentful Paint, LCP）所需的資源，如主頁圖片或字型為代價來提高互動性。

如果您嘗試優化第一方（first-party）JavaScript 的載入，請考慮在說明檔案 `<head>` 與 `<body>` 中使用 `<script defer>`，以協助及早發現這些資源。

在單頁應用程式中預載入

雖然預取（prefetching）是對可能很快就會請求的資源快取的好方法，但也可以預載入需要立即使用的資源。它可能是初始渲染中使用的特定字體，或使用者立即看到的某些影像。

假設 `EmojiPicker` 元件應該在初始渲染時立即可見，雖然不應該把它包含在主捆包中，但它應該可以平行載入。和預取一樣，可以添加一個神奇的註解來通知 webpack，應該預載入這個模組：

```
const EmojiPicker = import(/* webpackPreload: true */ "./EmojiPicker");
```

建構應用程式後，可以看出將預取 `EmojiPicker`。實際輸出在文件的頭部顯示為帶有 `rel="preload"` 的 `link` 標記：

```
<link rel="prefetch" href="emoji-picker.bundle.js" as="script" />
<link rel="prefetch" href="vendors~emoji-picker.bundle.js" as="script" />
```

預載入的 `EmojiPicker` 可以和初始捆包平行載入。預取時瀏覽器，仍然可以決定網際網路連接和頻寬是否足以預取資源，但預載入的資源無論如何都會是預載入。

無需等到 `EmojiPicker` 在初始渲染後才載入，資源會立即可供使用。由於載入資產的順序更為周到，初始載入時間可能會明顯增加，具體取決於使用者的裝置和網際網路連接。請只預載入在初始渲染後大約 1 秒內必須可見的資源。

Preload + the async Hack

如果您希望瀏覽器以高優先權來下載腳本，但又不阻擋剖析器等待腳本，就可以利用此處顯示的 preload + async hack。在本案例中，預載入可能會延遲其他資源的下載，但這是開發人員必須做出的取捨：

```
<link rel="preload" href="emoji-picker.js" as="script" />

<script src="emoji-picker.js" async></script>
```

在 Chrome 95+ 中預載入

由於對 Chrome 95+ 中預載入的佇列跳躍（queue-jumping）行為進行一些修復，此功能稍微安全了一些。Pat Meenan 對 Chrome 的預載入新推薦標準建議如下：

- 把它放在 HTTP 標頭中會搶在其他所有內容之前。
- 通常，對於任何大於或等於 Medium 的內容，預載入會按照剖析器來獲取它們的順序以載入，因此把預載入放在 HTML 的開頭時請小心。
- 字型預載入可能最好放在標頭的末尾或主體的開頭。
- 匯入預載入應該在需要匯入的 script 標記之後完成（因此實際腳本會先被載入／剖析）。
- 影像預載入的優先權較低，應相對於 async 腳本和其他低／最低優先權標記來排序。

串列虛擬化

串列虛擬化（list virtualization）有助於提高大型資料串列的渲染效能。您只渲染動態串列中可見的內容列，而不是整個串列，渲染的列只是完整串列的一小部分，可見內容（視窗）會隨著使用者捲動而移動。在 React 中，您可以使用 react-virtualized[9] 來達成這一點。它是 Brian Vaughn[10] 的一個視窗程式庫，只渲染串列中目前可見的項目，也就是在捲動的視埠中。這意味著您無需支付同時渲染數千列資料的成本。

---

9 *https://oreil.ly/3XThZ*

10 *https://oreil.ly/hCqQq*

視窗／虛擬化如何運作？

虛擬化一項目串列涉及維護和移動串列周圍的視窗，可利用以下作法在 react-virtualized 建立視窗：

- 具有相對定位（視窗）的小型容器 DOM 元素，例如 <ul>。
- 有一個用於捲動的大 DOM 元素。
- 把子級絕對定位在容器內部，設定頂部、左邊、寬度和高度的模式（style）。
- 虛擬化不是要一次渲染串列中的數千個元素，這可能導致初始渲染變慢或影響捲動效能；而是專注於渲染使用者可見的項目。

這樣有助於讓串列在中低端設備上可以快速渲染，您可以在使用者捲動時獲取／顯示更多項目，卸載以前的條目並用新條目來替換它們。

react-window [11] 是同一作者對 react-virtualized 的改寫，目標是要更小、更快、讓樹更好搖動（tree-shakeable）[12]。在 tree-shakeable 程式庫中，大小是您選擇使用了哪些 API 表面（surface）的函數；已知使用它來代替 react-virtualized 大約可以節省 20 到 30 KB（gzipped）。這兩個套件的 API 相似，react- window 在它們不同的地方往往會更簡單。

以下是 react-window 案例的主要元件。

串列

串列會渲染元素的視窗化串列（列），這意味著只有可見的列會在使用者前顯示。串列使用 Grid（內部）來渲染列，並把 prop 中繼到該內部 Grid，以下程式碼片段顯示在 React 中渲染串列和使用 react-window 之間的區別。

使用 React 來渲染簡單資料串列（itemsArray）：

```
import React from "react";
import ReactDOM from "react-dom";

const itemsArray = [
  { name: "Drake" },
```

11 *https://oreil.ly/H_Rx7*

12 譯注：捆包時可以移除未使用的程式碼。

```
    { name: "Halsey" },
    { name: "Camila Cabello" },
    { name: "Travis Scott" },
    { name: "Bazzi" },
    { name: "Flume" },
    { name: "Nicki Minaj" },
    { name: "Kodak Black" },
    { name: "Tyga" },
    { name: "Bruno Mars" },
    { name: "Lil Wayne" }, ...
  ]; // our data

  const Row = ({ index, style }) => (
    <div className={index % 2 ? "ListItemOdd" : "ListItemEven"} style={style}>
      {itemsArray[index].name}
    </div>
  );

  const Example = () => (
    <div
      style=
      class="List"
    >
      {itemsArray.map((item, index) => Row({ index }))}
    </div>
  );

  ReactDOM.render(<Example />, document.getElementById("root"));
```

使用 react-window 來渲染串列：

```
  import React from "react";
  import ReactDOM from "react-dom";
  import { FixedSizeList as List } from "react-window";

  const itemsArray = [...]; // 我們的資料

  const Row = ({ index, style }) => (
    <div className={index % 2 ? "ListItemOdd" : "ListItemEven"} style={style}>
      {itemsArray[index].name}
    </div>
  );

  const Example = () => (
    <List
      className="List"
```

```
      height={150}
      itemCount={itemsArray.length}
      itemSize={35}
      width={300}
    >
      {Row}
    </List>
  );

ReactDOM.render(<Example />, document.getElementById("root"));
```

Grid

Grid 會沿垂直和水平軸以虛擬化來渲染表格資料，它只渲染根據目前水平／垂直捲動位置來填充本身所需的 `Grid` 單元格。

如果想使用網格（grid）布局來渲染和之前相同的串列，在此假設的輸入是一個多維陣列，可以使用 `FixedSizeGrid` 來完成此操作，如下所示：

```
import React from 'react';
import ReactDOM from 'react-dom';
import { FixedSizeGrid as Grid } from 'react-window';

const itemsArray = [
  [{},{},{},...],
  [{},{},{},...],
  [{},{},{},...],
  [{},{},{},...],
];

const Cell = ({ columnIndex, rowIndex, style }) => (
  <div
    className={
      columnIndex % 2
        ? rowIndex % 2 === 0
          ? 'GridItemOdd'
          : 'GridItemEven'
        : rowIndex % 2
          ? 'GridItemOdd'
          : 'GridItemEven'
    }
    style={style}
  >
    {itemsArray[rowIndex][columnIndex].name}
```

```
    </div>
  );

  const Example = () => (
    <Grid
      className="Grid"
      columnCount={5}
      columnWidth={100}
      height={150}
      rowCount={5}
      rowHeight={35}
      width={300}
    >
      {Cell}
    </Grid>
  );

  ReactDOM.render(<Example />, document.getElementById('root'));
```

web 平台的改進

一些現代瀏覽器現在支援 CSS `content-visibility` [13]，它允許您在必要時省略螢幕內容的渲染和繪製，如果您有冗長的 HTML 文件而且渲染成本很高，就可以考慮試用這個屬性。

對於渲染動態內容串列，我仍然推薦使用像 `react-window` 這樣的程式庫。很難有這個程式庫的 `content-visbility:hidden` 版本，它可以打敗目前許多的串列虛擬化程式庫的版本，也就是在離開螢幕時積極使用 `display:none` 或移除 DOM 節點。

結論

同樣的，要謹慎使用預載入並不斷衡量它對生產的影響。如果您的影像在文件中的預載入時間早於它在文件中的位置，這可以幫助瀏覽器注意到它，並相對於其他資源排序。如果使用不當，預載入會導致您的影像會延遲 FCP，例如 CSS、字型，反而無法達到您的期望。另請注意，要使此類會重新確定優先權的工作發揮效用，也必須取決於伺服器能正確地確定請求的優先權。

---

13 *https://oreil.ly/l B70*

您可能還會發現 `<link rel="preload">` 對於需要獲取腳本而不執行它們的情況很有幫助。以下各種 web.dev 文章[14] 談論如何使用預載入：

- 預載入互動所需的關鍵腳本（*https://oreil.ly/bwZC9*）
- 預載入您的 LCP 影像（*https://oreil.ly/4N3VO*）
- 在防止布局偏移的同時載入字型（*https://oreil.ly/ Up2iQ*）

總結

本章討論推動現代 web 應用程式架構和設計的一些基本考慮因素，並看到用 React.js 設計模式來解決這些問題的不同方式。

本章一開始介紹過 CSR、SSR 和水合的概念。JavaScript 會對頁面效能產生重大影響，渲染技術的選擇會影響 JavaScript 在頁面生命週期中載入或執行的方式和時間。因此，在討論 JavaScript 模式和下一章的主題時，對渲染模式的討論就顯得十分重要。

14 *https://oreil.ly/kgnfa*

第 13 章

渲染模式

隨著轉向更具互動性的網站，處理的事件數量和在客戶端渲染的內容量都在增長，導致 SPA 主要會在客戶端渲染，就像 React.js 的情況一樣。

但是，網頁可以靜態也可以動態，取決於它們所提供的功能，web 上仍然有大量靜態內容，例如，您可以在伺服器上產生部落格／新聞頁面，並按原樣推送給客戶端。靜態內容是無狀態的，不會觸發事件，渲染後也不需要再水合；相反的，動態內容包括按鈕、過濾器、搜尋框，必須在渲染後重新連接到它的事件；DOM 必須在客戶端重新產生，即虛擬 DOM。這種重新產生、再水合和事件處理函數，有助於把 JavaScript 發送到客戶端。

Rendering 模式為給定的使用案例來渲染內容提供理想解決方案。下表就是流行的 Rendering 模式：

Rendering 模式	
客戶端渲染（*CSR*）	HTML 完全在客戶端渲染
伺服器端渲染（*SSR*）	在伺服器上動態地渲染 HTML 內容，然後再在客戶端上重新水合
靜態渲染	建構靜態網站以在建構時在伺服器上渲染頁面
增量靜態產生	即使在初始建構之後也能夠動態地擴充或修改靜態網站（Next.js ISR，Gatsby DSG）
串流 *SSR*	將伺服器渲染的內容分解為更小的串流塊
邊緣渲染	在把渲染的 HTML 發送到客戶端之前在邊緣更改

Rendering 模式	
混合渲染	結合建構時期、伺服器和客戶端渲染以建立更靈活的 web 開發方法（例如，React Server Components 和 Next .js App Router）
部分水合	只在客戶端上水合您的一些元件（例如，React Server Components 和 Gatsby）
漸進式水合	控制客戶端上元件水合的順序
Islands 架構	在靜態網站中具有多個進入點的動態行為孤島（Astro、Eleventy）
漸進增強	確保應用即使沒有 JavaScript 也能正常執行

本章將介紹其中一些渲染模式，好幫助您決定哪種模式最符合您的需求，能幫助您做出基本決策，例如：

- 我希望如何以及在何處渲染內容？
- 內容是否應該在網路伺服器、建構伺服器或邊緣網路上渲染，還是直接在客戶端上渲染？
- 內容應該全部渲染、部分渲染還是漸進式地渲染？

Rendering 模式的重要性

為給定使用案例選擇最合適的 Rendering 模式，可以讓您為工程團隊所建立的開發人員體驗（developer experience, DX），和最終為使用者設計的 UX 產生天壤之別。選擇正確的模式，可以用較低的處理成本來達到更快建構和出色的載入效能；另一方面，錯誤的模式選擇可能會扼殺一個或許可以把偉大商業創意化身為現實的應用程式。

要建立出色的使用者體驗，必須針對以使用者為中心的度量來優化應用程式，例如 Core Web Vitals（CWV）[1]：

第一個位元組的時間（*Time to First Byte, TTFB*）

　客戶端接收到頁面內容的第一個位元組所花費的時間。

首次內容繪製（*First Contentful Paint, FCP*）

　導航後瀏覽器渲染第一個內容所花費的時間。

1 *https://oreil.ly/R20lq*

可互動時間（*Time to Interactive, TTI*）

從頁面開始載入到快速回應使用者輸入的時間。

最大內容繪製（*Largest Contentful Paint, LCP*）

載入和渲染頁面主要內容所需的時間。

累積布局偏移（*Cumulative Layout Shift, CLS*）

測量視覺穩定性以避免未預期的布局偏移。

首次輸入延遲（*First Input Delay, FID*）

從使用者與頁面互動到事件處理程式可以執行的時間。

CWV 度量會測量和 UX 最相關的參數。優化 CWV 可以確保為應用程式提供出色的使用者體驗，和最佳的搜尋引擎優化（search engine optimization, SEO）。

想替產品／工程團隊建立出色的 DX，就必須確保具有更快的建構時間、輕鬆的回滾（rollback）、可擴展的基礎架構，以及許多其他有助於開發人員成功的功能，來優化開發環境：

快速建構時間

專案應該要能快速建構以達成快速迭代和部署。

低伺服器成本

網站應限制和優化伺服器執行時間以降低執行成本。

動態內容

頁面應該能夠高效能地載入動態內容。

輕鬆回滾

可以快速恢復到以前的建構版本並進行部署。

可靠的正常執行時間

使用者應該一直都能夠透過可運行伺服器來存取您的網站。

可擴展的基礎設施

專案擴大或縮小都不會遇到效能問題。

基於這些原則來設定開發環境，能讓開發團隊高效率地建構出色的產品。

在建立一長串的期許之後，如果您選擇正確的 Rendering 模式，就可以自動地獲得其中的大部分好處。

Rendering 模式已經問世好長一段時間，從 SSR 和 CSR 到今天在不同討論區上所討論和判斷的那些具有高度細微差別的模式。雖然這可能會讓人不知所措，但重要的是謹記在心，每個模式都是為解決特定使用案例而設計的，但對一個使用案例有利的模式特徵，可能也會對另一個使用案例有害，也有可能不同類型的頁面，在同一個網站上需要不同 Rendering 模式。

Chrome 團隊鼓勵開發人員考慮靜態或 SSR，而不是完全再水合方法。隨著時間過去，漸進式載入和渲染技術可能有助於在使用現代框架時，在效能和功能交付之間取得良好平衡。

以下小節詳細介紹不同模式。

客戶端渲染

上一章已經使用 React 討論客戶端渲染（CSR）。以下只是簡短概述，好幫助我們把它和其他渲染模式聯繫起來。

使用 React CSR，大部分應用程式邏輯都在客戶端執行，並透過 API 呼叫來和伺服器互動以獲取或儲存資料。幾乎所有 UI 都是在客戶端產生，整個 web 應用程式會在第一次請求時載入，當使用者透過點擊連結開始導航時，不會向伺服器產生用於渲染頁面的新請求，程式碼會在客戶端上執行以更改視圖／資料。

CSR 讓我們能夠擁有一個支援導航而無需刷新頁面的 SPA，並提供出色的使用者體驗。由於為更改視圖而處理的資料有限，透過頁面之間的路由通常會更快，讓 CSR 應用程式看起來更快回應。

隨著會顯示影像、顯示資料儲存中的資料，以及包括事件處理的頁面複雜性增加，渲染頁面所需的 JavaScript 程式碼的複雜性和大小也將增加。CSR 導致大型 JavaScript 捆包，這增加了頁面的 FCP 和 TTI。大型的負載和網路請求瀑布例如 API 回應，也可能導致有意義的內容無法快速渲染，以供爬蟲對其索引，這會影響網站的 SEO。

載入和處理過多的 JavaScript 會損害效能。然而，通常還是會需要一些互動性和 JavaScript，即使在主要靜態的網站上也是如此。以下小節討論的渲染技術，試圖在各方面找到平衡：

- 與 CSR 應用程式相媲美的互動性
- 與 SSR 應用程式相媲美的 SEO 和效能優勢

伺服器端渲染

使用伺服器端渲染（SSR），會為每個請求產生 HTML。這種方法最適合包含高度個人化資料的頁面，例如，基於使用者 cookie 的資料或一般從使用者請求中獲得的任何資料。它也適用於應該阻擋頁面渲染的時機，例如基於身分驗證的狀態。

SSR 是最古老渲染 web 內容的方法之一。SSR 會為回應使用者請求而渲染的頁面內容產生完整 HTML，內容可能包括來自資料儲存或外部 API 的資料。

連接和獲取運算會在伺服器上處理，格式化內容所需的 HTML 也在伺服器上產生，因此，使用 SSR 可以避免為資料獲取和模版化而有額外往返，這樣客戶端不需要渲染程式碼，且對應的 JavaScript 也不需要發送給客戶端。

使用 SSR，每個請求都會得到獨立處理，伺服器也會當作是新請求來處理，即使連續兩次請求的輸出差別不大，伺服器也會從頭開始處理和產生。由於伺服器對多個使用者來說是公用的，因此在給定時間內的處理能力，會由所有活動使用者共享。

個人化儀表板（dashboard）是頁面上高度動態內容的一個絕佳例子。大多數內容是基於使用者的身分或授權層級，這些可能包含在使用者的 cookie 中。此儀表板只會在使用者透過身分驗證時顯示，並且可能顯示其他人不應看到且特定於使用者的敏感資料。

SSR 的核心原則是 HTML 會在伺服器上渲染，並隨附必要的 JavaScript 以在客戶端上再水合它，也就是在伺服器端渲染它之後，於客戶端上重新產生 UI 元件的狀態。由於再水合需付出代價，SSR 的每個變體都試圖優化再水合過程。

靜態渲染

使用靜態渲染，整個頁面的 HTML 會在建構時產生，並且在下一次建構之前不會更改。HTML 內容是靜態的，可輕鬆快取在內容交付網路（content delivery network, CDN）或邊緣網路上。當客戶請求特定頁面時，CDN 可以快速地把預渲染的已快取 HTML 提供給客戶，這能大幅減少在典型的 SSR 設定中處理請求、渲染 HTML 內容，和回應請求所花費的時間。

此過程最適合不經常更改，且無論誰來都會顯示相同請求資料的頁面，一般網站的「關於我們」、「聯繫我們」，和「部落格」頁面或電子商務應用程式的產品頁面等靜態頁面，都是靜態渲染的理想選擇，Next.js、Gatsby 和 VuePress 等框架都有支援靜態產生。

就其核心而言，純靜態渲染不會涉及任何動態資料，若以 Next.js 為例說明：

```
// pages/about.js

export default function About() {
 return <div>
   <h1>About Us</h1>
   {/* ... */}
 </div>
}
```

建構網站時（使用 `next build`），此頁面會預渲染為 HTML 檔案 *about.html*，並可透過 */about* 路由來存取。

靜態渲染變體可以有很多種，如下所示：

使用來自資料庫的動態資料，來靜態產生列表頁面

使用資料來在伺服器上產生列表頁面。這適用於列表本身不算動態的頁面。在 Next.js 中，您可以在頁面元件中匯出函數 `getStaticProps()`[2] 以進行。

使用動態路由，來靜態產生詳細資訊頁面

產品頁面或部落格頁面通常會遵循固定模版，其中會把資料填充在占位符中。在這種情況下，透過合併模版和動態資料，可以在伺服器上產生個別頁面，為每個詳細

2 *https://oreil.ly/QcNhk*

資訊頁面提供幾個個別路由。Next.js 動態路由[3] 的功能有助於使用 `getStaticPaths()` 函數來達成此目的。

使用客戶端獲取的靜態渲染

這種模式對於應該一直顯示最新列表的動態列表頁面來說很有幫助。您仍然可以為網站使用靜態渲染，在要放置動態列表資料的位置使用骨架元件來渲染 UI；頁面載入後，可以使用 SWR 來獲取資料，受 Stale-While-Revalidate 模式啟發的 SWR 是用於資料獲取的 React Hook。客製化 API 路由可用來從 CMS 獲取資料並傳回此資料，當使用者請求頁面時，預產生的 HTML 檔案會發送到客戶端，使用者最初看到的是沒有任何資料的骨架 UI，客戶端會從 API 路由獲取資料、接收回應，並顯示列表。

靜態渲染的主要亮點包括：

- HTML 在建構時產生。
- 可透過 CDN/Vercel Edge Network 來輕鬆快取。
- 純靜態渲染非常適合不需要基於請求的資料頁面。
- 帶有客戶端獲取的靜態渲染，非常適合包含應該在每次頁面載入時刷新，及包括穩定占位符元件中的資料的那些頁面。

增量靜態重新產生

增量靜態重新產生（incremental static regeneration, ISR），是靜態和 SSR 的混合體，因為它允許只預渲染某些靜態頁面，並在使用者請求時，按需求渲染動態頁面。這會縮短建構時間，並得以在特定時間間隔後，自動地讓快取失效且重新產生頁面。

ISR 用兩種作法，在現有靜態網站建構後逐步導入更新：

允許添加新頁面

惰性載入概念用在網站建構後包含新頁面。這意味著新頁面會在第一次請求時立即產生，而產生過程中，可以在前端向使用者顯示後饋頁面，或載入指示器。

3 *https://oreil.ly/2Bugb*

更新現有頁面

為每個頁面定義合適的超時時間，這會確保只要定義的超時期限過去，頁面就會重新驗證，超時可以設定低至 1 秒。在頁面完成重新驗證之前，使用者將繼續看到該頁面的先前版本，因此，ISR 使用 stale-while revalidate 策略，使用者在重新驗證時會收到快取或陳舊版本。重新驗證完全在背景進行，不需要完全重建。

按需求 ISR

在 ISR 的這種變體中，重新產生會發生在某些事件上，而不會發生在固定的時間間隔。使用常規的 ISR，更新後的頁面只會在已處理使用者頁面請求的邊緣節點上被快取，按需求 ISR 會透過邊緣網路重新產生和重新分發頁面，以便全球使用者可以自動地從邊緣快取中看到頁面的最新版本，而不會看到陳舊的內容。這也避免了不必要的重新產生和無伺服器函數呼叫，和常規 ISR 相比，可降低營運成本。因此，按需求 ISR 能提供效能優勢和出色的 DX，它最適合因應特定事件而重新產生的頁面，讓我們能夠以合理成本擁有始終保持上線的快速動態網站。

靜態渲染總結

對於可以在建構時產生 HTML 的網站，靜態渲染是一種非常好的模式。我們現在已經介紹了靜態產生的不同變體，每一種都適用於不同的使用案例：

純靜態渲染

適合不包含動態資料的頁面。

具有客戶端獲取的靜態渲染

適用於資料應該在每次頁面載入時刷新，並且具有穩定占位符元件的頁面。

增量靜態重新產生

適合應按特定時間間隔或按需求重新產生的頁面。

按需求 ISR

適合應根據某些事件來重新產生的頁面。

在某些使用案例中，靜態渲染並不是最佳選擇。例如，SSR 非常適合高度動態、個人化的頁面，這些頁面對每個使用者來說都是不同的。

串流 SSR

使用 SSR 或靜態渲染，您可以減少 JavaScript 的數量，從而使頁面變成可互動的時間（TTI）更接近於 FCP 的時間。串流式傳輸內容可以進一步減少 TTI ／ FCP，同時仍然在伺服器上渲染應用程式，也可以把它拆分為更小的程式塊，而不是產生一個包含目前導航所需標記的大型 HTML 檔案。節點串流允許將資料串流式傳輸到回應物件中，這意味著可以不斷地把資料向下發送到客戶端，當客戶端收到資料塊時，它就可以開始渲染內容。

React 內建的 `renderToNodeStream` 允許以更小的程式塊發送應用程式。由於客戶端可以在接收資料的同時，就開始繪製 UI，因此可以建立非常高效率的首次載入體驗。在接收到的 DOM 節點上呼叫 `hydrate` 方法會附加相對應的事件處理程式，從而讓 UI 具有互動性。

串流媒體對網路反壓反應良好。如果網路阻塞並且無法傳輸更多位元組，渲染器會收到訊號並停止串流式傳輸，直到網路清理乾淨為止。因此，伺服器使用的記憶體會更少，對 I/O 條件的回應也會更快。這會讓您的 Node.js 伺服器能夠同時渲染多個請求，並防止較重量級的請求長時間阻擋較輕量級的請求。因此，該網站即使在具有挑戰性的條件下也能保持回應性。

React 在 2016 年發布的 React 16 中導入對串流的支援。它在 `ReactDOMServer` 中包含以下 API 以支援串流：

`ReactDOMServer.renderToNodeStream(element)`

此函數的輸出 HTML 和 `ReactDOMServer.renderToString(element)` 相同，但採用 Node.js `ReadableStream` 格式而不是字串。該函數將只在伺服器上工作，好把 HTML 渲染為串流。接收到這個串流的客戶端可以呼叫 `ReactDOM.hydrate()` 來水合頁面，並讓它具有互動性。

`ReactDOMServer.renderToStaticNodeStream(element)`

這對應於 `ReactDOMServer.renderToStaticMarkup(element)`。HTML 輸出是相同的，但採用串流格式，您可以使用它來在伺服器上渲染靜態、非互動式頁面，然後把它們串流式傳輸到客戶端。

一旦開始讀取，這兩個函數輸出的可讀串流就會發出位元組，可以透過把可讀串流傳輸到可寫串流，例如回應物件來達成這一點。回應物件在等待要渲染新資料塊的同時，會逐漸向客戶端發送資料塊。

邊緣 SSR

Edge SSR 讓您能夠從 CDN 的所有區域進行伺服器渲染，並體驗接近於無的冷啟動。

無伺服器函數可用於在伺服器端產生整個頁面。邊緣執行時期還讓 HTTP 可以串流式傳輸，以便您可以在部分文件準備就緒後，立即進行串流式傳輸，並細粒度地水合這些元件，減少到 FCP 的時間。

此模式的一個使用案例是為使用者建構特定於區域的列表頁面。大部分頁面只包含靜態資料，只是需要基於請求資料的列表。現在可以選擇只在伺服器端渲染列表元件，並在邊緣端渲染其餘部分，而不是透過伺服器來渲染整個頁面。雖然最初必須透過伺服器棧渲染整個頁面才能達成此行為，但現在可以利用 SSR 的動態優勢在邊緣獲得靜態渲染的出色效能。

混合渲染

顧名思義，混合渲染結合了不同的方法來專注於提供最佳結果。它代表了開發人員在進行 web 開發時的心理轉變，從只有客戶端的起點，轉向更通用的渲染策略組合。能夠靜態提供的頁面會被預渲染，所以可以為應用程式中的其他頁面選擇動態策略，例如 ISR、SSR 或 CSR，以及用於後續導航的串流式傳輸。

混合渲染在概念上挑戰了 SPA、MPA、SSR 和 SSG 等傳統術語，並強調需要新的措辭來進一步描述現代 web 開發實務。web 應用程式不再需要歸類為 SPA 或 MPA，而是可以根據所服務的功能，輕鬆地從這個過渡到另一個。因此，它提供了 SPA 無需伺服器的優勢，同時又避免了靜態渲染問題，也就是無需重新載入頁面的導航。

重點的轉變不是從要寫 SPA 到不寫 SPA，而是從鎖定 SPA，到可以使用對每個頁面而言具有意義的渲染模式，從而進入混合時代。這種轉變主要是心理上的，開發人員從建構時期和客戶端渲染開始，然後根據需要，在每頁基礎上添加伺服器渲染。

隨著 web 開發環境向混合渲染方向發展，可看到 React 世界內外的許多框架都開始支援它。例如：

- Next.js 13 結合了 React Server Components 和 Next.js App Router[4]，以展示混合渲染的潛力。
- Astro 2.0[5] 結合了靜態和動態渲染的優點，而不是只在 SSG 和 SSR 之間選擇。
- Angular Universal 11.1[6] 具有原生混合渲染支援。它可以為靜態路由執行預渲染（SSG），為動態路由執行 SSR。
- Nuxt 3.0[7] 允許您為混合渲染配置路由規則。

漸進式水合

漸進式水合意味著您可以隨著時間的推移，單獨對節點進行水合，以便您隨時只請求最少的必要 JavaScript。藉由漸進式地水合應用程式，可以延遲頁面中不太關鍵部分的水合。

透過這種方式，能減少為了讓頁面具有互動性而請求的 JavaScript 數量，並且只在使用者需要時才水合節點，例如當元件在視埠中可見時。漸進式水合還有助於避免最常見的 SSR 再水合陷阱，也就是伺服器渲染的 DOM 樹在破壞後立即重建。

漸進式水合背後的想法是透過分塊來激發您的應用程式，以提供出色的效能。任何漸進式水合解決方案還應考慮它會如何影響整體的使用者體驗。您不能讓螢幕塊一個接一個地彈出，並阻止已載入的程式塊上任何活動或使用者輸入。因此，整體漸進式水合實作的要求如下：

- 允許對所有元件使用 SSR
- 支援將程式碼拆分為單獨的元件或程式塊
- 支援以開發人員定義的順序，在客戶端對這些程式塊進行水合

4 *https://oreil.ly/UEnVf*

5 *https://oreil.ly/Sbfu8*

6 *https://oreil.ly/g076-*

7 *https://oreil.ly/gCriy*

- 不會阻擋使用者對已經水合的程式塊輸入
- 允許對延遲水合的程式塊使用某種載入指示器

一旦可用時，React 並行（concurrent）模式會解決所有這些需求。它允許 React 同時處理不同的任務，並根據給定的優先權在它們之間切換。切換時，部分渲染的樹不需要提交（commit），以便在 React 切換回同一任務後可以繼續渲染任務。

並行模式可用於實作漸進式水合。在這種情況下，頁面上每個塊的水合成為 React 並行模式的任務。如果需要執行更高優先權的任務，例如使用者輸入，React 會暫停水合任務並切換到接受使用者輸入。`lazy()` 和 `Suspense()` 等功能允許您使用宣告式載入狀態，這些可用於在惰性載入塊時顯示載入指示器，`SuspenseList()` 可用於定義惰性載入元件的優先權。Dan Abramov 分享一個很棒的例子 [8]，能展示並行模式的實際應用，並實作漸進式水合。

Islands 架構

Katie Sylor-Miller 和 Jason Miller 推廣 Islands 架構 [9] 一詞來描述一種範式，該範式旨在減少透過互動性「孤島」傳送的 JavaScript 量，這些互動性可以在靜態 HTML 之上獨立交付。Islands 是一種基於元件的架構，它建議使用靜態和動態島嶼來分隔的頁面視圖。大多數頁面都是靜態和動態內容的組合，通常由靜態內容組成，但其中會散布著可以劃分的互動式區域。頁面的靜態區域是純非互動式 HTML，不需要水合；動態區域則是 HTML 和腳本的組合，能夠在渲染後重新水合。

Islands 架構有助於頁面及其所有靜態內容的 SSR。然而，在這種情況下，渲染的 HTML 將包含動態內容的占位符。動態內容占位符包含獨立的元件小部件，每個小部件都類似於一個應用程式，並結合了伺服器渲染的輸出和 JavaScript，以在客戶端上水合應用程式。

Islands 架構可能會和漸進式水合相混淆，但兩者之間有很大區別。在漸進式水合中，頁面的水合架構是自上而下的。頁面控制個別元件的排程和水合，每個元件在 Islands 架構中都有自己的水合腳本，該腳本會非同步執行，獨立於頁面上的任何其他腳本。一個元件中的效能問題不應影響另一個元件。

8 *https://oreil.ly/JHhPm*

9 *https://oreil.ly/CYhom*

實作 Islands

Island 架構借鑒不同來源的概念，目標在於以最好的方式將它們結合起來。Jekyll[10] 和 Hugo[11] 等基於模版的靜態網站產生器支援把靜態元件渲染到頁面。大多數現代 JavaScript 框架還支援同構渲染[12]，它允許您使用相同的程式碼在伺服器和客戶端上渲染元素。

Jason Miller 的貼文建議使用 `requestIdleCallback()`[13] 來實作水合元件的排程方法。支援 Islands 架構的框架應該做到以下幾點：

- 支援在伺服器上使用無 JavaScript 之靜態頁面渲染。
- 支援透過占位符在靜態內容中嵌入獨立的動態元件。每個動態元件都包含它的腳本，並且可以在主執行緒空閒時使用 `requestIdleCallback()` 來水合自己。
- 允許在伺服器端同構地渲染元件，並在客戶端上進行水合作用，以在兩端識別相同的元件。

目前有以下框架在一定程度上支援這一點：

Marko

Marko[14] 是由 eBay 開發和維護的開源框架，用於提高伺服器渲染效能。它透過結合串流式渲染和自動部分水合來支援 Islands 架構。HTML 和其他靜態資產一旦準備就緒，就會串流式傳輸到客戶端。自動部分水合允許互動式元件自行水合。水合程式碼只適用於可以在瀏覽器上更改狀態的互動式元件，它是同構的，Marko 編譯器會根據執行位置，如客戶端或伺服器，來產生優化程式碼。

Astro

Astro[15] 是一個靜態網站建構器，可以從其他框架，如 React、Preact、Svelte、Vue 等建構的 UI 元件產生輕量級靜態 HTML 頁面。需要客戶端 JavaScript 的元件會和

10 *https://oreil.ly/dlxdC*

11 *https://oreil.ly/WOKTz*

12 *https://oreil.ly/mre3v*

13 *https://oreil.ly/x7dpf*

14 *https://oreil.ly/-l3QP*

15 *https://oreil.ly/QT77v*

它們的依賴項一起個別地載入，因此，它提供內建的部分水合功能。Astro 還可以根據元件可見時機，來惰性地載入元件。

Eleventy + Preact

Markus Oberlehner[16] 示範 Eleventy（11ty）的使用方式，這是一種靜態網站產生器，具有可以部分水合的同構 Preact 元件。它還支援惰性水合，該元件本身以宣告方式來控制它的水合。互動式元件使用 `WithHydration` 包裝器，以便它們在客戶端被水合。

請注意，Marko 和 Eleventy 早於 Jason 所提供的 Islands 定義，但有包含支援它所需的一些功能。然而，Astro 是基於定義而建構的，並在本質上支援 Islands 架構。

優點和缺點

實作島嶼（islands）的一些潛在好處如下：

效能

減少發送到客戶端的 JavaScript 程式碼量。發送的程式碼只包含了互動式元件所需的腳本，這比為整個頁面重新建立虛擬 DOM，並重新水合所有元素所需的腳本要少得多。較小的 JavaScript 會自動對應到更快的頁面載入。

SEO

由於所有靜態內容都在伺服器上渲染，因此頁面對 SEO 友善。

重要內容的優先權

關鍵內容幾乎可以立即提供給使用者，尤其是部落格、新聞文章和產品頁面等。

可存取性

使用標準靜態 HTML 連結來存取其他頁面，有助於提高網站的可存取性。

基於元件

設計提供了基於元件架構的所有優點，例如可重用性和可維護性。

16 *https://oreil.ly/PBckZ*

儘管有這些優勢，但這個概念仍處於初期階段。開發人員實作 Islands 的唯一選擇，是使用目前為數不多的可用框架或自己開發架構。把現有網站遷移到 Astro 或 Marko 需要額外努力，該架構也不適合高度互動的頁面，例如可能需要數千個 Islands 的社交媒體應用程式。

React Server Components

React Server Components（RSC）[17] 是無狀態的 React 元件，設計來在伺服器上執行，目標是透過伺服器驅動的心智模型來實現現代使用者體驗。這些零捆包大小的元件促進伺服器和客戶端元件之間的無縫程式碼轉換體驗，或稱「編織」（knitting）。這和元件的 SSR 不同，並且可能導致客戶端的 JavaScript 捆包明顯變小。

RSC 使用 `async/await` 作為從 Server Components 獲取資料的主要方式。它們允許您把資料獲取作為元件樹的一個組成部分，允許頂層 `await` 和伺服器端資料序列化。元件因此可以定期重新獲取。包含當有新資料時會重新渲染元件的應用程式可以在伺服器上執行，這會限制需要向客戶端發送多少程式碼。是結合客戶端應用程式的豐富互動性和傳統伺服器渲染的較好效能。

RSC 協議讓伺服器能夠為客戶端公開一個特殊的端點，來請求元件樹的部分，從而允許使用類似 MPA 架構來進行類似 SPA 的路由，允許在不丟失狀態的情況下，合併伺服器元件樹和客戶端樹，並擴展到更多元件。

Server Components 不能取代 SSR。配對在一起時，它們支援以中間格式來快速渲染，然後讓 SSR 基礎架構把它渲染為 HTML，從而讓早期繪製的速度還是很快。我們對 Server Components 發出的 Client Components 進行 SSR，這是類似把 SSR 和其他資料獲取機制一起使用的方式。

RSC 提供了元件規格。RSC 的採用取決於實作該功能的框架。技術上，可以把 RSC 和任何 React 框架一起使用，從而實現 React 自己的部分水合風格 [18]，並具有混合渲染的最終狀態。Next.js 已經透過其 App Router 功能提供支援，React 團隊相信 RSC 最終會得到廣泛採用，並改變生態系統。

---

17 *https://oreil.ly/nYygy*

18 *https://oreil.ly/CTvSX*

使用 RSC 和 Next.js App Router 混合渲染

Next.js 13 導入具有新的功能、慣例，和對 RSC 支援的 App Router[19]，app 目錄中的元件會預設為 RSC，以促進自動採用並提高效能。

RSC 提供了一些好處，例如利用伺服器基礎架構，和保持伺服器端的大型依賴關係，從而提高效能，並減少客戶端捆包的大小。Next.js App Router 結合了伺服器渲染和客戶端互動性，逐步增強應用程式的無縫使用者體驗。

可以添加 Client Components 以導入客戶端互動性，類似於 Next.js 12 和更早版本中的功能。「use client」指令可以把元件標記為 Client Components。如果沒有被另一個 Client Components 匯入，沒有使用「use client」指令的元件將自動渲染為 Server Components。

Server 和 Client Components 可以在同一個元件樹中交錯出現，React 會處理這兩種環境的合併。Next.js 使用者已經看到在生產中採用 RSC 和 app 目錄後的效能改進 [20]。

總結

本章介紹許多試圖平衡 CSR 和 SSR 功能的模式。根據應用程式的類型或頁面的類型，總能找到最適合的。圖 13-1 比較不同模式的亮點，並提供每種模式的使用案例。

19 *https://oreil.ly/2fkjH*

20 *https://oreil.ly/sfKEC*

伺服器 ←→ 客戶端

	經典 SSR	具有水合之 SSR	串流	漸進式水合	靜態產生	增量靜態產生	CSR
HTML 產生於	不可能	伺服器	伺服器	伺服器	建構伺服器	建構伺服器	客戶端
用於水合之 JavaScript	無水合	JS 用於所有要載入以進行水合的元件	JS 透過 HTML 串流	漸進式載入 JS	最小 JS	最小 JS	不需要水合，但是需要為所有元件使用 JS 來實現渲染和互動
SPA 行為	不可能	有限	有限	有限	不可能	不可能	廣泛使用
爬蟲可讀性	完整	完整	完整	完整	完整	完整	有限
快取	最少	最少	最少	最少	廣泛使用	廣泛使用	最少
TTFB	高	高	在各種頁面尺寸上低且一致	高	低	低	低
TTI：FCP	TTI = FCP	TTI > FCP	TTI > FCP	TTI > FCP	TTI = FCP	TTI = FCP	TTI >> FCP
實作方式	像是 PHP 之類的伺服器端腳本語言	React for server Next.js	React for server（React 16 以後版本）	正在開發中的完整 React 解決方案	Next.js	Next.js	CSR 框架，例如 React、Angular 等
Suitable For	像新聞或百科全書頁面這樣的靜態內容頁面	主要指具有少量互動元件的靜態頁面，例如部落格的評論	主要指可以以分段方式串流的靜態頁面，例如搜尋結果列表頁	互動頁面，其中某些元件的啟用可能會延遲。例如，聊天機器人	很少變動的靜態內容，例如網站的「關於我們」或「聯絡我們」	大量靜態內容，可能經常更改。例如，部落格列表或產品列表頁面。	極具互動性的應用程式，其中使用者體驗十分重要。例如，社交媒體的訊息和評論功能

圖 13-1 Rendering 模式

下表來自 2022 年的 Patterns for Building JavaScript Websites[21]，提供另一種以關鍵應用程式特徵為中心的觀點，對任何正在尋找適合常見應用程式全型模型（holotype）的人來說，應該很有幫助[22]。

	組合	內容	店面	社交網路	沉浸式
全型模型	個人部落格	CNN	Amazon	社交網路	Figma
互動性	最小	連結文章	購買	多點，即時	一切
會話期深度	淺	淺	淺到中	擴展的	深
價值	簡單性	發現能力	負載效能	動態性	身臨其境
路由	靜態	靜態，SSR	靜態，SSR	SSR	CSR
水合	無	漸進式，部分	部分，可恢復	任何	無（CSR）
範例框架	11ty	Astro、Elder	Marko、Qwik、Hydrogen	Next、Remix	建立 React App

我們現在已經討論了一些有趣的 React 模式，用於元件、狀態管理、渲染等。像 React 這樣的程式庫不會強制執行特定的應用程式結構，但組織 React 專案有值得推薦的最佳實務，下一章就來探討這個問題。

21 *https://oreil.ly/Qg_h6*

22 *https:// oreil.ly/qgaKE*

第 14 章

React.js 的應用程式結構

在建構小型業餘嗜好專案，或嘗試新概念與程式庫時，開發人員可能會在沒有計畫或組織結構的情況下，開始把檔案添加到資料夾中。這些可能包括 CSS、輔助元件、影像和頁面。隨著專案增長，用來放置所有資源的單一資料夾會難以管理，任何規模相當大的程式碼庫，都應該根據邏輯性準則組織到一個應用程式資料夾結構中。該如何構造您的檔案和應用程式元件，可能來自個人／團隊的選擇，通常還取決於應用領域和所使用的技術。

本章主要關注 React.js 應用程式的資料夾結構，好在專案增長時，更能管理它們。

概論

React.js 本身並沒有提供構造專案的指南，但確實提出一些常用的方法。在討論具有更高複雜性專案和 Next.js 應用程式的資料夾結構之前，先看看這些方法並瞭解它們的優缺點。

在高層次上，可以對 React 應用程式中的檔案以兩種方式分組 [1]：

按功能分組

為每個應用程式模組、功能或路由建立資料夾。

1 *https://oreil.ly/Tkwai*

按檔案類型分組

為不同類型的檔案建立資料夾。

以下是詳細分類方式。

按模組、功能或路由分組

在這種情況下，檔案結構會反映業務模型或應用程式流程，例如，如果您有一個電子商務應用程式，您會擁有產品、產品列表、結帳等資料夾。產品模組明確需要的 CSS、JSX 元件、測試、子元件或幫手程式庫會位於產品（product）資料夾中：

```
common/
  Avatar.js
  Avatar.css
  ErrorUtils.js
  ErrorUtils.test.js
product/
  index.js
  product.css
  price.js
  product.test.js
checkout/
  index.js
  checkout.css
  checkout.test.js
```

按功能對檔案分組的優點是，如果模組更改，所有受影響的檔案都位於同一個資料夾中，並且更改會本地化到程式碼的特定部分。

缺點是應該定期識別那些會跨模組使用的通用元件、邏輯或模式，以避免重複，並促進一致性和重用。

按檔案類型分組

在這種類型的分組中，CSS、元件、測試檔案、影像、程式庫等，都會建立不同的資料夾。因此，邏輯上相關的檔案會根據檔案類型駐留在不同資料夾中：

```
css/
  global.css
  checkout.css
  product.css
```

```
lib/
  date.js
  currency.js
  gtm.js
pages/
  product.js
  productlist.js
  checkout.js
```

這種方法的優點是：

- 您擁有可以跨專案來重複使用的標準結構。
- 對特定應用程式邏輯知之甚少的新團隊成員，仍然可以找到模式或測試之類的檔案。
- 在不同路由或模組中匯入的通用元件，例如日期選擇器和模式等，只要更改一次，就可以確保整個應用程式都能看到成效。

缺點是：

- 特定模組的邏輯更改可能需要更改不同資料夾中的檔案。
- 隨著應用程式中功能數量的增加，不同資料夾中的檔案數量會增加，從而難以找到特定檔案。

對於每個資料夾都只有少量檔案，例如 50 到 100 個的中小型應用程式來說，這兩個方法都可以輕鬆建立。然而，較大的專案可能會希望根據應用程式的邏輯結構來採用混合方法，例如以下的說明。

基於領域和公共元件的混合分組

可以把整個應用程式所需的所有公共元件分組在一個 Components 資料夾中，並把所有特定於應用程式流程的路由或功能分組在一個領域資料夾中[2]，名稱可以是 *domain*、*pages* 或 *routes*。每個資料夾都可以有特定元件和相關檔案的子資料夾：

```
css/
  global.css
components/
  User/
    profile.js
```

2 *https://oreil.ly/rJQaz*

```
      profile.test.js
      avatar.js
    date.js
    currency.js
    gtm.js
    errorUtils.js
  domain/
    product/
      product.js
      product.css
      product.test.js
    checkout/
      checkout.js
      checkout.css
      checkout.test.js
```

因此，可以透過共同定位相關檔案來結合「按檔案類型分組」和「按功能分組」的優點，這些檔案經常會一起更改，並且在整個應用程式中共同使用的可重用元件和模式。

根據應用程式的複雜性，可以把它修改為沒有子資料夾的更扁平結構或更巢套結構：

更扁平結構

以下範例說明的是更扁平結構：

```
domain/
    product.js
    product.css
    product.test.js
    checkout.js
    checkout.css
    checkout.test.js
```

巢套結構

以下範例顯示更巢套的結構：

```
domain/
    product/
        productType/
            features.js
            features.css
            size.js
        price/
            listprice.js
            discount.js
```

最好避免超過三到四層的深度巢套，因為在資料夾之間編寫相對性匯入，或在移動檔案時更新這些匯入，會變得更加困難。

此方法的一種變體是除了基於領域的資料夾之外，還基於視圖或路由來建立資料夾，如此處的討論[3]。然後，路由元件可以根據目前路由來協調要顯示的視圖，Next.js[4] 即使用類似結構。

現代 React 功能的應用程式結構

現代 React 應用程式使用不同功能，例如 Redux、有狀態容器、Hook 和 Styled Components。讓我們看看這些相關程式碼適合放在上一節提出的應用程式結構位置。

Redux

Redux 說明文件強烈建議[5] 把給定功能的邏輯放在同一個地方。在給定功能資料夾中，該功能的 Redux 邏輯應該要編寫為單一的「切片」檔案，最好使用 Redux Toolkit `createSlice` API。該檔案把 `{actionTypes, actions, reducer}` 捆包到一個獨立模組中，這也稱為「鴨子」模式[6]（引自 Redux）。例如此處所示[7]：

```
/src
    index.tsx: 渲染 React 元件樹的進入點檔案
    /app
        store.ts: 商店設定
        rootReducer.ts: 根縮減器（可選）
        App.tsx: React 根元件
    /common: Hook、通用元件、實用程式等
    /features: 包含所有「功能資料夾」
    /todos: 單一功能資料夾
        todosSlice.ts: Redux 縮減器邏輯和相關運算
        Todos.tsx: 一個 React 元件
```

3 *https://oreil.ly/WiRca*

4 *https://oreil.ly/6PwMu*

5 *https://oreil.ly/iH1aX*

6 *https://oreil.ly/UOqb5*

7 *https://oreil.ly/ 0gpXl*

此處提供另一個使用 Redux 而不建立容器或 Hook 的綜合範例[8]。

容器

如果已把程式碼結構化，好將元件分類為展示元件和有狀態容器元件[9]，則可以為容器元件建立一個單獨的資料夾。容器讓您可以分開複雜的有狀態邏輯和元件的其他面向：

```
/src
    /components
        /component1
            index.js
            styled.js

    /containers
        /container1
```

您可以在同一篇文章[10]中找到包含容器的應用程式完整結構。

Hook

Hook 可以像任何其他類型的程式碼一樣適應混合結構。您可以在應用程式層級為所有 React 元件所使用的通用 Hook 來建立一個資料夾。只有一個元件使用的 React Hook 應該保留在元件的檔案，或元件資料夾中的單獨 *hooks.js* 檔案。此處可以找到範例結構[11]：

```
/components
    /productList
        index.js
        test.js
        style.css
        hooks.js

/hooks
    /useClickOutside
      index.js
    /useData
      index.js
```

8 *https://oreil.ly/xMZiu*

9 *https://oreil.ly/JeYgI*

10 *https://oreil.ly/JeYgI*

11 *https://oreil.ly/ rtT1n*

Styled Components

如果您使用 Styled Components 而不是 CSS，可以使用 *style.js* 檔案而不是前面提到的元件層級 CSS 檔案。例如，如果您有一個 `button` 元件，結構將會如此：

```
/src/components/button/
    index.js
    style.js
```

應用程式層級的 *theme.js* 檔案 [12] 會包含用於背景和文本的顏色值。全域元件可以包含其他元件 [13] 可以使用的通用模式元素定義。

其他最佳實務

除了資料夾結構之外，您在建構 React 應用程式時可以考慮的其他一些最佳實務如下：

- 使用匯入別名（import aliasing）[14] 來幫忙處理常見匯入的冗長相對路徑，這可以使用 Babel 和 webpack[15] 配置來完成。
- 使用您的 API 來包裝第三方程式庫 [16]，以便在需要時可以交換它們。
- 一起使用 PropTypes[17] 和元件，以確保對屬性值進行型別檢查。

建構效能取決於檔案和依賴項的數量，如果使用的是 webpack 等捆包器，一些改進建構時間的建議可能會有所幫助。

使用載入器 [18] 時，只把它應用在需要由它來轉換的模組。例如：

```
const path = require('path');

module.exports = {
  //...
```

12 *https://oreil.ly/OARQ8*

13 *https://oreil.ly/ LzmtQ*

14 *https://oreil.ly/trM4V*

15 *https://oreil.ly/cSkCS*

16 *https://oreil.ly/Za7Yt*

17 *https://oreil.ly/8kL84*

18 *https://oreil.ly/zXFkv*

```
  module: {
    rules: [
      {
        test: /\.js$/,
        include: path.resolve(__dirname, 'src'),
        loader: 'babel-loader',
      },
    ],
  },
};
```

如果使用的是混合／巢套資料夾結構，以下來自 webpack[19] 的範例會說明如何從結構中的不同路徑來包含和載入檔案：

```
const path = require('path');

module.exports = {
  //...
  module: {
    rules: [
      {
        test: /\.css$/,
        include: [
          // 包括相對於目前目錄以 `app/styles` 開頭的路徑，
          // 例如 `app/styles.css`、`app/styles/styles.css`、
          // `app/stylesheet.css`
          path.resolve(__dirname, 'app/styles'),

          // 添加額外的斜線來只包含 `vendor/styles/` 目錄的內容
          path.join(__dirname, 'vendor/styles/'),
        ],
      },
    ],
  },
};
```

沒有 `import`、`require`、`define` 等指令來參照其他模組的檔案不需要剖析依賴關係，可以使用 `noParse` 選項[20] 來避免剖析它們。

19 *https://oreil.ly/slT4K*

20 *https://oreil.ly/UjYPF*

Next.js 應用程式的應用程式結構

Next.js[21] 是用於可擴展的 React 應用程式的生產就緒框架。雖然您可以使用混合結構，但應用程式中的所有路由都必須分組在 pages 資料夾下，即頁面的 URL = 根 URL + pages 資料夾中的相對路徑。

擴展前面所討論的結構，您可以擁有用於通用元件、模式、Hook 和實用程式函數的資料夾。領域相關的程式碼可以構造成讓不同路由都可以使用的功能元件，最後，您將擁有所有路由的 pages 資料夾。這是來自於這個指南：*https://oreil.ly/AAv12* 的範例：

```
--- public/
  Favicon.ico
  images/
--- common/
    components/
      datePicker/
        index.js
        style.js
    hooks/
    utils/
    styles/
--- modules/
    auth/
      auth.js
      auth.test.js
    product/
      product.js
      product.test.js
--- pages/
    _app.js
    _document.js
    index.js
        /products
      [id].js
```

21 *https://oreil.ly/ZeU0P*

Next.js 還為許多不同類型的應用程式提供範例[22]。可以使用 `create-next-app` 來啟動這些範例以建立 Next.js 所提供的模版資料夾結構，例如，要為基本部落格應用程式[23]建立模版，請使用：

```
yarn create next-app --example blog my-blog
```

總結

本章討論構造 React 專案的多種不同選擇。根據專案中使用的大小、類型和元件，可以任君選擇。執著於一個已定義的模式來構造專案，會有助於您向其他團隊成員解說它，並防止專案變得雜亂無章和不必要的複雜化。

下一章是本書的最後一章，提供額外的連結，對學習 JavaScript 設計模式可能會有一些幫助。

22 *https://oreil.ly/Kim4W*

23 *https:// oreil.ly/ym0kh*

第 15 章

結論

這趟介紹 JavaScript 和 React 設計模式世界的冒險旅程，希望對您來說獲益良多。

一些開發人員這幾十年來已經定義無數極具挑戰性的問題，和架構的解決方案，設計模式能讓我們輕易地站在他們的肩膀上建構。本書內容應該有提供足夠的資訊，讓您可以開始使用腳本、外掛程式和 web 應用程式中所介紹的模式。

瞭解這些模式，及如何和何時使用它們都很重要。在使用之前，請先研究每種模式的優缺點，花時間試驗以充分理解它們提供的功能，並根據模式對您的應用程式的實際價值來做出使用判斷。

如果我激發您對這個領域的興趣，讓您想學習更多關於設計模式的知識，有許多優秀的通用軟體開發，當然也包括 JavaScript 的書籍。

我很樂意推薦：

- Martin Fowler 的《*Patterns of Enterprise Application Architecture*》
- Stoyan Stefanov 的《*JavaScript Patterns*》

如果您有興趣繼續探索 React 設計模式，您可能想探索 Lydia Hallie 和我自己提供的免費 Patterns.dev[1] 資源。

1 *https://patterns.dev*

感謝您閱讀本書，想學習關於 JavaScript 的更多教育材料，請見我的部落格 *http://addyosmani.com*，或 Twitter @addyosmani[2] 的更多內容。

下次再見，祝您在 JavaScript 的冒險之旅中好運！

2 *http://twitter.com/addyosmani*

參考資料

1. Hillside Engineering Design Patterns Library（*https://oreil.ly/Pffqf*）。
2. Ross Harmes and Dustin Diaz, “Pro JavaScript Design Patterns”（*https://oreil.ly/RID62*）。
3. Design Pattern Definitions（*https://oreil.ly/Q6tan*）。
4. Patterns and Software Terminology（*https://oreil.ly/defjF*）。
5. Subramanyan Murali, “Guhan, JavaScript Design Patterns”（*https://oreil.ly/3NxNQ*）。
6. James Moaoriello, “What Are Design Patterns and Do I Need Them?”（*https://oreil.ly/m16E-*）。
7. Alex Barnett, “Software Design Patterns”（*https://oreil.ly/bOdi1*）。
8. Gunni Rode, “Evaluating Software Design Patterns”（*https://oreil.ly/hhqwh*）。
9. SourceMaking Design Patterns（*https://oreil.ly/xra3I*）。
10. Stoyan Stevanov, “JavaScript Patterns”（*https://oreil.ly/awdqz*）。
11. Jared Spool, “The Elements of a Design Pattern”（*https://oreil.ly/qeKIq*）。
12. Examples of Practical JS Design Patterns; 討論（*https://oreil.ly/wga_z*）, Stack Overflow。

13. Design Patterns in jQuery（*https://oreil.ly/vXUsL*）, Stack Overflow。
14. Anoop Mashudanan, "Software Designs Made Simple"（*https://oreil.ly/5PqFD*）。
15. Design Patterns Explained（*https://oreil.ly/Lq6fV*）。
16. Mixins explained（*https://oreil.ly/jN0zw*）。
17. Working with GoF's Design Patterns in JavaScript（*https://oreil.ly/176fs*）。
18. Using Object.create（*https://oreil.ly/NSjfs*）。
19. t3knomanser, JavaScript Design Patterns（*https://oreil.ly/O8VfS*）。
20. Working with GoF Design Patterns in JavaScript Programming（*https://oreil.ly/cerR5*）。
21. JavaScript Advantages of Object Literal（*https://oreil.ly/AmJD4*）, Stack Overflow。
22. Understanding proxies in jQuery（*https://oreil.ly/n5Hjx*）。
23. Observer Pattern Using JavaScript（*https://oreil.ly/MJi6b*）。

索引

※ 提醒您：由於翻譯書排版的關係，部分索引名詞的對應頁碼會和實際頁碼有一頁之差。

符號

A

B

C

D

E

F

G

H

I

J

K

L

M

N

O

P

R

S

T

U

V

W

Y

Z

關於作者

Addy Osmani 是 Google Chrome 的工程主管。他領導 Chrome 的開發者體驗團隊，讓在 web 上建構成為一件快速且令人愉快的事。Addy 撰寫多個開源專案以及多本書籍，包括《*Learning Patterns, Learning JavaScript Design Patterns*》（O'Reilly）和《*Image Optimization*》。他的個人部落格是 *addyosmani.com*。

出版記事

《*JavaScript* 設計模式學習手冊》封面上的動物是杜鵑雉雞（cuckoo pheasant，學名 Dromococcyx phasianellus），也稱為雉雞杜鵑（pheasant cuckoo）。雉雞杜鵑這種鳥類，原產地從猶加敦半島（Yucatan peninsula）的森林至巴西，哥倫比亞南部也有分布。

雉雞杜鵑有一條長長的尾巴和短的深棕色冠毛，牠的飲食以昆蟲為主，透過用羽毛發出嘎嘎聲並拍打喙來捕捉昆蟲，然後向前跑幾步並啄食地面。雖然牠是食蟲動物，但也可能以小蜥蜴和雛鳥為食。

和其他杜鵑一樣，雉雞杜鵑會在其他鳥的鳥巢中下蛋。孵化後，養母會把杜鵑的後代認為是自己的後代，孵出的小杜鵑也會對養母產生銘印，並出於本能，把養父母的蛋推出巢穴，好為自己騰出空間。然而，與歐洲杜鵑不同的是，雉雞杜鵑並不是強制的育雛性竊居動物，牠仍然保有建造自己巢穴的能力。

雉雞杜鵑目前的保護狀況（IUCN）為「無危」。O'Reilly 封面上的許多動物都瀕臨絕種，牠們對世界都很重要。

封面插圖由 Karen Montgomery 繪製，基於活板雕刻，來源不明。

JavaScript 設計模式學習手冊 第二版

作　　者：Addy Osmani
譯　　者：楊新章
企劃編輯：蔡彤孟
文字編輯：詹祐甯
特約編輯：袁若喬
設計裝幀：陶相騰
發 行 人：廖文良

發 行 所：碁峰資訊股份有限公司
地　　址：台北市南港區三重路 66 號 7 樓之 6
電　　話：(02)2788-2408
傳　　真：(02)8192-4433
網　　站：www.gotop.com.tw
書　　號：A750
版　　次：2024 年 01 月初版
建議售價：NT$580

國家圖書館出版品預行編目資料

JavaScript 設計模式學習手冊 / Addy Osmani 原著；楊新章譯.
-- 初版. -- 臺北市：碁峰資訊, 2024.01
面；　公分
譯自：Learning JavaScript design patterns: a JavaScript and React developer's guide, 2nd ed.
ISBN 978-626-324-712-3(平裝)
1.CST：Java Script(電腦程式語言)
312.32J36　　112021142